住房和城乡建设领域施工现场专业人员继续教育培训教材

施工员（设备方向）岗位知识
（第二版）

中国建设教育协会继续教育委员会　组织编写

中国建筑工业出版社

图书在版编目（CIP）数据

施工员（设备方向）岗位知识/中国建设教育协会
继续教育委员会组织编写. —2 版 .—北京：中国建筑
工业出版社，2021.8
住房和城乡建设领域施工现场专业人员继续教育培
训教材
ISBN 978-7-112-26395-0

Ⅰ.①施… Ⅱ.①中… Ⅲ.①房屋建筑设备-设备安
装-工程施工-继续教育-教材 Ⅳ.①TU8
中国版本图书馆 CIP 数据核字（2021）第 147884 号

本书依据《住房和城乡建设领域施工现场专业人员继续教育大纲》编
写。本书共 4 章，主要介绍了近几年与施工员（设备方向）相关的新政策、
新法规；新标准、新规范；新材料、新设备；新技术、新工艺。本书既可作
为施工员（设备方向）岗位继续教育培训考核的指导用书，又可作为施工现
场相关岗位专业人员的实用工具书，也可供建设单位、施工单位及相关高职
高专、中职中专学校师生和相关专业技术人员参考使用。

责任编辑：李　慧
责任校对：张惠雯

住房和城乡建设领域施工现场专业人员继续教育培训教材
施工员（设备方向）岗位知识（第二版）
中国建设教育协会继续教育委员会　组织编写

*

中国建筑工业出版社出版、发行（北京海淀三里河路 9 号）
各地新华书店、建筑书店经销
唐山龙达图文制作有限公司制版
天津安泰印刷有限公司印刷

*

开本：787 毫米×1092 毫米　1/16　印张：11½　字数：281 千字
2021 年 10 月第二版　　2021 年 10 月第一次印刷
定价：45.00 元
ISBN 978-7-112-26395-0
(37834)

丛书编委会

出版说明

　　住房和城乡建设领域施工现场专业人员（以下简称施工现场专业人员）是工程建设项目现场技术和管理关键岗位从业人员，人员队伍素质是影响工程质量和安全生产的关键因素。当前，我国建筑行业仍处于较快发展进程中，城镇化建设方兴未艾，城市房屋建设、基础设施建设、工业与能源基地建设、交通设施建设等市场需求旺盛。为适应行业发展需求，各类新标准、新规范陆续颁布实施，各种新技术、新设备、新工艺、新材料不断涌现，工程建设领域的知识更新和技术创新进一步加快。

　　为加强住房和城乡建设领域人才队伍建设，提升施工现场专业人员职业水平，住房和城乡建设部印发了《关于改进住房和城乡建设领域施工现场专业人员职业培训工作的指导意见》（建人〔2019〕9号）、《关于推进住房和城乡建设领域施工现场专业人员职业培训工作的通知》（建办人函〔2019〕384号），并委托中国建筑工业出版社组织制定了《住房和城乡建设领域施工现场专业人员继续教育大纲》。依据大纲，中国建筑工业出版社、中国建设教育协会继续教育委员会和江苏省建设教育协会，共同组织行业内具有多年教学和现场管理实践经验的专家编写了本套教材。

　　本套教材共14本，即：《公共基础知识（第二版）》（各岗位通用）与《××员岗位知识（第二版）》（13个岗位），覆盖了《建筑与市政工程施工现场专业人员职业标准》涉及的施工员、质量员、标准员、材料员、机械员、劳务员、资料员等13个岗位，结合企业发展与从业人员技能提升需求，精选教学内容，突出能力导向，助力施工现场专业人员更新专业知识，提升专业素质、职业水平和道德素养。

　　我们的编写工作难免存在不足，请使用本套教材的培训机构、教师和广大学员多提宝贵意见，以便进一步修订完善。

第二版前言

为贯彻落实住房和城乡建设部《关于改进住房和建设领域施工现场专业人员职业培训工作的指导意见》（建人〔2019〕9 号）和《关于推进住房和城乡建设领域施工现场专业人员职业培训工作的通知》（建办人函〔2019〕384 号）文件精神，规范开展住房和城乡建设领域施工现场专业人员培训工作，根据《住房和城乡建设领域施工现场专业人员继续教育大纲》（2021 版），中国建设教育协会继续教育委员会组织编写了本套教材。

本书在修订过程中，增加了《中华人民共和国建筑法（2019 年修正）》《中华人民共和国节约能源法（2018 年修正）》等法律法规的内容；节选了与本岗位相关的《火灾自动报警系统施工及验收标准》GB 50166—2019、《建筑节能工程施工质量验收标准》GB 50411—2019、《建筑防火封堵应用技术标准》GB/T 51410—2020 等近几年新更新的标准规范的内容；增加了模块化电缆密封系统、PVC 成品式预埋套筒、增加了成型 U-PVC 保温外壳等新材料和新设备的内容；增加了薄壁不锈钢管道自动熔焊、薄壁不锈钢管道锥螺纹连接、管道和设备工厂化清洗、三维激光扫描应用、BIM 放样机器人应用、基于 BIM 的管线综合应用等新技术和新工艺的内容；内容上力求反映行业发展的最新理论成果、最新政策法规和相关规范性文件，力求前沿性和实用性。

本书由苏州工业设备安装集团有限公司王正宇主编，全教材共 4 章，其中第 1 章、第 2 章第 1 节、第 2 章第 3 节、第 3 章 2～4 节、第 4 章由王正宇编写，第 2 章第 2 节、第 3 章第 1 节由江苏城乡建设职业学院刘大君编写。

本书既可作为施工员（设备方向）的继续教育教材，也可作为施工现场相关岗位专业人员的实用工具教材，也可供建设单位、施工单位及相关高职高专、中职中专学校师生和相关专业技术人员参考使用。

本书在中国建设教育协会继续教育委员会、江苏省建设教育协会协调指导下，历经多次讨论补充、修改完善，最终成稿，在编审人员的反复校对后，得以出版发行。在此对各位编审人员在成教材过程中的辛勤劳动，对大力支持本书编写和出版的企业表示衷心的感谢！

限于编者水平有限、编制时间仓促，书中难免存在不妥之处，敬请广大读者批评指正。

第一版前言

为贯彻落实住房和城乡建设部《关于改进住房和建设领域施工现场专业人员职业培训工作的指导意见》（建人〔2019〕9 号）和《关于推进住房和城乡建设领域施工现场专业人员职业培训工作的通知》（建办人函〔2019〕384 号），规范开展住房和城乡建设领域施工现场专业人员培训工作，根据《住房和城乡建设领域施工现场专业人员继续教育大纲》，中国建设教育协会继续教育委员会组织编写了本套教材。

本书分新颁布或修订的新政策、新法规；新标准、新规范；新材料、新设备；新技术、新工艺，共 4 章。

本书由苏州工业设备安装集团有限公司王正宇主编。其中第 1 章、第 2 章第 1 节、第 2 章第 3 节、第 3 章第 2 节、第 3 章第 3 节、第 3 章第 4 节、第 4 章由苏州工业设备安装集团有限公司王正宇编写，第 2 章第 2 节、第 3 章第 1 节由江苏城乡建设职业学院刘大君编写。

本书既可作为施工员（设备方向）岗位继续教育培训用书，又可作为施工现场相关岗位专业人员的实用工具书，也可供建设单位、施工单位及相关高职高专、中职中专学校师生和相关专业技术人员参考使用。

本书在中国建设教育协会继续教育委员会、江苏省建设教育协会协调指导下，历经多次讨论补充、修改完善，在编审人员的反复校对后，最终成稿。在此对各位编审人员在成书过程中的辛勤劳动，对大力支持本书编写和出版的企业，对参加本书编写工作的苏州工业设备安装集团有限公司、江苏城乡建设职业学院给予的大力支持，表示衷心的感谢！本书在编写过程中，参阅和引用了不少专家学者的著作，在此也一并表示衷心的感谢！

限于编者水平有限、编制时间仓促，书中难免存在不妥之处，敬请广大读者批评指正。

目 录

第1章 新政策、新法规

第1节 《中华人民共和国建筑法（2019 年修正）》（节选）

1.1.1 总则

第一条 为了加强对建筑活动的监督管理，维护建筑市场秩序，保证建筑工程的质量和安全，促进建筑业健康发展，制定本法。

第二条 在中华人民共和国境内从事建筑活动，实施对建筑活动的监督管理，应当遵守本法。

本法所称建筑活动，是指各类房屋建筑及其附属设施的建造和与其配套的线路、管道、设备的安装活动。

第三条 建筑活动应当确保建筑工程质量和安全，符合国家的建筑工程安全标准。

第四条 国家扶持建筑业的发展，支持建筑科学技术研究，提高房屋建筑设计水平，鼓励节约能源和保护环境，提倡采用先进技术、先进设备、先进工艺、新型建筑材料和现代管理方式。

第五条 从事建筑活动应当遵守法律、法规，不得损害社会公共利益和他人的合法权益。

任何单位和个人都不得妨碍和阻挠依法进行的建筑活动。

第六条 国务院建设行政主管部门对全国的建筑活动实施统一监督管理。

1.1.2 建筑许可

建筑工程施工许可

第七条 建筑工程开工前，建设单位应当按照国家有关规定向工程所在地县级以上人民政府建设行政主管部门申请领取施工许可证；但是，国务院建设行政主管部门确定的限额以下的小型工程除外。

按照国务院规定的权限和程序批准开工报告的建筑工程，不再领取施工许可证。

第八条 申请领取施工许可证，应当具备下列条件：

（一）已经办理该建筑工程用地批准手续；

（二）依法应当办理建设工程规划许可证的，已经取得建设工程规划许可证；

（三）需要拆迁的，其拆迁进度符合施工要求；

（四）已经确定建筑施工企业；

（五）有满足施工需要的资金安排、施工图纸及技术资料；

（六）有保证工程质量和安全的具体措施。

建设行政主管部门应当自收到申请之日起七日内，对符合条件的申请颁发施工许可证。

第九条 建设单位应当自领取施工许可证之日起三个月内开工。因故不能按期开工的，应当向发证机关申请延期；延期以两次为限，每次不超过三个月。既不开工又不申请延期或者超过延期时限的，施工许可证自行废止。

第十条 在建的建筑工程因故中止施工的，建设单位应当自中止施工之日起一个月内，向发证机关报告，并按照规定做好建筑工程的维护管理工作。

建筑工程恢复施工时，应当向发证机关报告；中止施工满一年的工程恢复施工前，建设单位应当报发证机关核验施工许可证。

第十一条 按照国务院有关规定批准开工报告的建筑工程，因故不能按期开工或者中止施工的，应当及时向批准机关报告情况。因故不能按期开工超过六个月的，应当重新办理开工报告的批准手续。

从业资格

第十二条 从事建筑活动的建筑施工企业、勘察单位、设计单位和工程监理单位，应当具备下列条件：

（一）有符合国家规定的注册资本；

（二）有与其从事的建筑活动相适应的具有法定执业资格的专业技术人员；

（三）有从事相关建筑活动所应有的技术装备；

（四）法律、行政法规规定的其他条件。

第十三条 从事建筑活动的建筑施工企业、勘察单位、设计单位和工程监理单位，按照其拥有的注册资本、专业技术人员、技术装备和已完成的建筑工程业绩等资质条件，划分为不同的资质等级，经资质审查合格，取得相应等级的资质证书后，方可在其资质等级许可的范围内从事建筑活动。

第十四条 从事建筑活动的专业技术人员，应当依法取得相应的执业资格证书，并在执业资格证书许可的范围内从事建筑活动。

1.1.3　建筑工程发包与承包

一般规定

第十五条 建筑工程的发包单位与承包单位应当依法订立书面合同，明确双方的权利和义务。

发包单位和承包单位应当全面履行合同约定的义务。不按照合同约定履行义务的，依法承担违约责任。

第十六条 建筑工程发包与承包的招标投标活动，应当遵循公开、公正、平等竞争的原则，择优选择承包单位。

建筑工程的招标投标，本法没有规定的，适用有关招标投标法律的规定。

第十七条 发包单位及其工作人员在建筑工程发包中不得收受贿赂、回扣或者索取其他好处。

承包单位及其工作人员不得利用向发包单位及其工作人员行贿、提供回扣或者给予其他好处等不正当手段承揽工程。

第十八条 建筑工程造价应当按照国家有关规定，由发包单位与承包单位在合同中约定。公开招标发包的，其造价的约定，须遵守招标投标法律的规定。

发包单位应当按照合同的约定，及时拨付工程款项。

发包

第十九条　建筑工程依法实行招标发包，对不适于招标发包的可以直接发包。

第二十条　建筑工程实行公开招标的，发包单位应当依照法定程序和方式，发布招标公告，提供载有招标工程的主要技术要求、主要的合同条款、评标的标准和方法以及开标、评标、定标的程序等内容的招标文件。

开标应当在招标文件规定的时间、地点公开进行。开标后应当按照招标文件规定的评标标准和程序对标书进行评价、比较，在具备相应资质条件的投标者中，择优选定中标者。

第二十一条　建筑工程招标的开标、评标、定标由建设单位依法组织实施，并接受有关行政主管部门的监督。

第二十二条　建筑工程实行招标发包的，发包单位应当将建筑工程发包给依法中标的承包单位。建筑工程实行直接发包的，发包单位应当将建筑工程发包给具有相应资质条件的承包单位。

第二十三条　政府及其所属部门不得滥用行政权力，限定发包单位将招标发包的建筑工程发包给指定的承包单位。

第二十四条　提倡对建筑工程实行总承包，禁止将建筑工程肢解发包。

建筑工程的发包单位可以将建筑工程的勘察、设计、施工、设备采购一并发包给一个工程总承包单位，也可以将建筑工程勘察、设计、施工、设备采购的一项或者多项发包给一个工程总承包单位；但是，不得将应当由一个承包单位完成的建筑工程肢解成若干部分发包给几个承包单位。

第二十五条　按照合同约定，建筑材料、建筑构配件和设备由工程承包单位采购的，发包单位不得指定承包单位购入用于工程的建筑材料、建筑构配件和设备或者指定生产厂、供应商。

承包

第二十六条　承包建筑工程的单位应当持有依法取得的资质证书，并在其资质等级许可的业务范围内承揽工程。

禁止建筑施工企业超越本企业资质等级许可的业务范围或者以任何形式用其他建筑施工企业的名义承揽工程。禁止建筑施工企业以任何形式允许其他单位或者个人使用本企业的资质证书、营业执照，以本企业的名义承揽工程。

第二十七条　大型建筑工程或者结构复杂的建筑工程，可以由两个以上的承包单位联合共同承包。共同承包的各方对承包合同的履行承担连带责任。

两个以上不同资质等级的单位实行联合共同承包的，应当按照资质等级低的单位的业务许可范围承揽工程。

第二十八条　禁止承包单位将其承包的全部建筑工程转包给他人，禁止承包单位将其承包的全部建筑工程肢解以后以分包的名义分别转包给他人。

第二十九条　建筑工程总承包单位可以将承包工程中的部分工程发包给具有相应资质条件的分包单位；但是，除总承包合同中约定的分包外，必须经建设单位认可。施工总承包的，建筑工程主体结构的施工必须由总承包单位自行完成。

建筑工程总承包单位按照总承包合同的约定对建设单位负责；分包单位按照分包合同

的约定对总承包单位负责。总承包单位和分包单位就分包工程对建设单位承担连带责任。

禁止总承包单位将工程分包给不具备相应资质条件的单位。禁止分包单位将其承包的工程再分包。

1.1.4 建筑工程监理

第三十条 国家推行建筑工程监理制度。

国务院可以规定实行强制监理的建筑工程的范围。

第三十一条 实行监理的建筑工程，由建设单位委托具有相应资质条件的工程监理单位监理。建设单位与其委托的工程监理单位应当订立书面委托监理合同。

第三十二条 建筑工程监理应当依照法律、行政法规及有关的技术标准、设计文件和建筑工程承包合同，对承包单位在施工质量、建设工期和建设资金使用等方面，代表建设单位实施监督。

工程监理人员认为工程施工不符合工程设计要求、施工技术标准和合同约定的，有权要求建筑施工企业改正。

工程监理人员发现工程设计不符合建筑工程质量标准或者合同约定的质量要求的，应当报告建设单位要求设计单位改正。

第三十三条 实施建筑工程监理前，建设单位应当将委托的工程监理单位、监理的内容及监理权限，书面通知被监理的建筑施工企业。

第三十四条 工程监理单位应当在其资质等级许可的监理范围内，承担工程监理业务。

工程监理单位应当根据建设单位的委托，客观、公正地执行监理任务。

工程监理单位与被监理工程的承包单位以及建筑材料、建筑构配件和设备供应单位不得有隶属关系或者其他利害关系。

工程监理单位不得转让工程监理业务。

第三十五条 工程监理单位不按照委托监理合同的约定履行监理义务，对应当监督检查的项目不检查或者不按照规定检查，给建设单位造成损失的，应当承担相应的赔偿责任。

工程监理单位与承包单位串通，为承包单位谋取非法利益，给建设单位造成损失的，应当与承包单位承担连带赔偿责任。

1.1.5 建筑安全生产管理

第三十六条 建筑工程安全生产管理必须坚持安全第一、预防为主的方针，建立健全安全生产的责任制度和群防群治制度。

第三十七条 建筑工程设计应当符合按照国家规定制定的建筑安全规程和技术规范，保证工程的安全性能。

第三十八条 建筑施工企业在编制施工组织设计时，应当根据建筑工程的特点制定相应的安全技术措施；对专业性较强的工程项目，应当编制专项安全施工组织设计，并采取安全技术措施。

第三十九条 建筑施工企业应当在施工现场采取维护安全、防范危险、预防火灾等措施；有条件的，应当对施工现场实行封闭管理。

施工现场对毗邻的建筑物、构筑物和特殊作业环境可能造成损害的，建筑施工企业应当采取安全防护措施。

第四十条　建设单位应当向建筑施工企业提供与施工现场相关的地下管线资料，建筑施工企业应当采取措施加以保护。

第四十一条　建筑施工企业应当遵守有关环境保护和安全生产的法律、法规的规定，采取控制和处理施工现场的各种粉尘、废气、废水、固体废物以及噪声、振动对环境的污染和危害的措施。

第四十二条　有下列情形之一的，建设单位应当按照国家有关规定办理申请批准手续：

（一）需要临时占用规划批准范围以外场地的；

（二）可能损坏道路、管线、电力、邮电通讯等公共设施的；

（三）需要临时停水、停电、中断道路交通的；

（四）需要进行爆破作业的；

（五）法律、法规规定需要办理报批手续的其他情形。

第四十三条　建设行政主管部门负责建筑安全生产的管理，并依法接受劳动行政主管部门对建筑安全生产的指导和监督。

第四十四条　建筑施工企业必须依法加强对建筑安全生产的管理，执行安全生产责任制度，采取有效措施，防止伤亡和其他安全生产事故的发生。

建筑施工企业的法定代表人对本企业的安全生产负责。

第四十五条　施工现场安全由建筑施工企业负责。实行施工总承包的，由总承包单位负责。分包单位向总承包单位负责，服从总承包单位对施工现场的安全生产管理。

第四十六条　建筑施工企业应当建立健全劳动安全生产教育培训制度，加强对职工安全生产的教育培训；未经安全生产教育培训的人员，不得上岗作业。

第四十七条　建筑施工企业和作业人员在施工过程中，应当遵守有关安全生产的法律、法规和建筑行业安全规章、规程，不得违章指挥或者违章作业。作业人员有权对影响人身健康的作业程序和作业条件提出改进意见，有权获得安全生产所需的防护用品。作业人员对危及生命安全和人身健康的行为有权提出批评、检举和控告。

第四十八条　建筑施工企业应当依法为职工参加工伤保险缴纳工伤保险费。鼓励企业为从事危险作业的职工办理意外伤害保险，支付保险费。

第四十九条　涉及建筑主体和承重结构变动的装修工程，建设单位应当在施工前委托原设计单位或者具有相应资质条件的设计单位提出设计方案；没有设计方案的，不得施工。

第五十条　房屋拆除应当由具备保证安全条件的建筑施工单位承担，由建筑施工单位负责人对安全负责。

第五十一条　施工中发生事故时，建筑施工企业应当采取紧急措施减少人员伤亡和事故损失，并按照国家有关规定及时向有关部门报告。

1.1.6　建筑工程质量管理

第五十二条　建筑工程勘察、设计、施工的质量必须符合国家有关建筑工程安全标准的要求，具体管理办法由国务院规定。

有关建筑工程安全的国家标准不能适应确保建筑安全的要求时，应当及时修订。

第五十三条　国家对从事建筑活动的单位推行质量体系认证制度。从事建筑活动的单位根据自愿原则可以向国务院产品质量监督管理部门或者国务院产品质量监督管理部门授权的部门认可的认证机构申请质量体系认证。经认证合格的，由认证机构颁发质量体系认证证书。

第五十四条　建设单位不得以任何理由，要求建筑设计单位或者建筑施工企业在工程设计或者施工作业中，违反法律、行政法规和建筑工程质量、安全标准，降低工程质量。

建筑设计单位和建筑施工企业对建设单位违反前款规定提出的降低工程质量的要求，应当予以拒绝。

第五十五条　建筑工程实行总承包的，工程质量由工程总承包单位负责，总承包单位将建筑工程分包给其他单位的，应当对分包工程的质量与分包单位承担连带责任。分包单位应当接受总承包单位的质量管理。

第五十六条　建筑工程的勘察、设计单位必须对其勘察、设计的质量负责。勘察、设计文件应当符合有关法律、行政法规的规定和建筑工程质量、安全标准、建筑工程勘察、设计技术规范以及合同的约定。设计文件选用的建筑材料、建筑构配件和设备，应当注明其规格、型号、性能等技术指标，其质量要求必须符合国家规定的标准。

第五十七条　建筑设计单位对设计文件选用的建筑材料、建筑构配件和设备，不得指定生产厂、供应商。

第五十八条　建筑施工企业对工程的施工质量负责。

建筑施工企业必须按照工程设计图纸和施工技术标准施工，不得偷工减料。工程设计的修改由原设计单位负责，建筑施工企业不得擅自修改工程设计。

第五十九条　建筑施工企业必须按照工程设计要求、施工技术标准和合同的约定，对建筑材料、建筑构配件和设备进行检验，不合格的不得使用。

第六十条　建筑物在合理使用寿命内，必须确保地基基础工程和主体结构的质量。

建筑工程竣工时，屋顶、墙面不得留有渗漏、开裂等质量缺陷；对已发现的质量缺陷，建筑施工企业应当修复。

第六十一条　交付竣工验收的建筑工程，必须符合规定的建筑工程质量标准，有完整的工程技术经济资料和经签署的工程保修书，并具备国家规定的其他竣工条件。

建筑工程竣工经验收合格后，方可交付使用；未经验收或者验收不合格的，不得交付使用。

第六十二条　建筑工程实行质量保修制度。

建筑工程的保修范围应当包括地基基础工程、主体结构工程、屋面防水工程和其他土建工程，以及电气管线、上下水管线的安装工程，供热、供冷系统工程等项目；保修的期限应当按照保证建筑物合理寿命年限内正常使用，维护使用者合法权益的原则确定。具体的保修范围和最低保修期限由国务院规定。

第六十三条　任何单位和个人对建筑工程的质量事故、质量缺陷都有权向建设行政主管部门或者其他有关部门进行检举、控告、投诉。

1.1.7　法律责任

第六十四条　违反本法规定，未取得施工许可证或者开工报告未经批准擅自施工的，责令改正，对不符合开工条件的责令停止施工，可以处以罚款。

第六十五条 发包单位将工程发包给不具有相应资质条件的承包单位的，或者违反本法规定将建筑工程肢解发包的，责令改正，处以罚款。

超越本单位资质等级承揽工程的，责令停止违法行为，处以罚款，可以责令停业整顿，降低资质等级；情节严重的，吊销资质证书；有违法所得的，予以没收。

未取得资质证书承揽工程的，予以取缔，并处罚款；有违法所得的，予以没收。

以欺骗手段取得资质证书的，吊销资质证书，处以罚款；构成犯罪的，依法追究刑事责任。

第六十六条 建筑施工企业转让、出借资质证书或者以其他方式允许他人以本企业的名义承揽工程的，责令改正，没收违法所得，并处罚款，可以责令停业整顿，降低资质等级；情节严重的，吊销资质证书。对因该项承揽工程不符合规定的质量标准造成的损失，建筑施工企业与使用本企业名义的单位或者个人承担连带赔偿责任。

第六十七条 承包单位将承包的工程转包的，或者违反本法规定进行分包的，责令改正，没收违法所得，并处罚款，可以责令停业整顿，降低资质等级；情节严重的，吊销资质证书。

承包单位有前款规定的违法行为的，对因转包工程或者违法分包的工程不符合规定的质量标准造成的损失，与接受转包或者分包的单位承担连带赔偿责任。

第六十八条 在工程发包与承包中索贿、受贿、行贿，构成犯罪的，依法追究刑事责任；不构成犯罪的，分别处以罚款，没收贿赂的财物，对直接负责的主管人员和其他直接责任人员给予处分。

对在工程承包中行贿的承包单位，除依照前款规定处罚外，可以责令停业整顿，降低资质等级或者吊销资质证书。

第六十九条 工程监理单位与建设单位或者建筑施工企业串通，弄虚作假、降低工程质量的，责令改正，处以罚款，降低资质等级或者吊销资质证书；有违法所得的，予以没收；造成损失的，承担连带赔偿责任；构成犯罪的，依法追究刑事责任。

工程监理单位转让监理业务的，责令改正，没收违法所得，可以责令停业整顿，降低资质等级；情节严重的，吊销资质证书。

第七十条 违反本法规定，涉及建筑主体或者承重结构变动的装修工程擅自施工的，责令改正，处以罚款；造成损失的，承担赔偿责任；构成犯罪的，依法追究刑事责任。

第七十一条 建筑施工企业违反本法规定，对建筑安全事故隐患不采取措施予以消除的，责令改正，可以处以罚款；情节严重的，责令停业整顿，降低资质等级或者吊销资质证书；构成犯罪的，依法追究刑事责任。

建筑施工企业的管理人员违章指挥、强令职工冒险作业，因而发生重大伤亡事故或者造成其他严重后果的，依法追究刑事责任。

第七十二条 建设单位违反本法规定，要求建筑设计单位或者建筑施工企业违反建筑工程质量、安全标准，降低工程质量的，责令改正，可以处以罚款；构成犯罪的，依法追究刑事责任。

第七十三条 建筑设计单位不按照建筑工程质量、安全标准进行设计的，责令改正，处以罚款；造成工程质量事故的，责令停业整顿，降低资质等级或者吊销资质证书，没收违法所得，并处罚款；造成损失的，承担赔偿责任；构成犯罪的，依法追究刑事责任。

第七十四条　建筑施工企业在施工中偷工减料的，使用不合格的建筑材料、建筑构配件和设备的，或者有其他不按照工程设计图纸或者施工技术标准施工的行为的，责令改正，处以罚款；情节严重的，责令停业整顿，降低资质等级或者吊销资质证书；造成建筑工程质量不符合规定的质量标准的，负责返工、修理，并赔偿因此造成的损失；构成犯罪的，依法追究刑事责任。

第七十五条　建筑施工企业违反本法规定，不履行保修义务或者拖延履行保修义务的，责令改正，可以处以罚款，并对在保修期内因屋顶、墙面渗漏、开裂等质量缺陷造成的损失，承担赔偿责任。

第七十六条　本法规定的责令停业整顿、降低资质等级和吊销资质证书的行政处罚，由颁发资质证书的机关决定；其他行政处罚，由建设行政主管部门或者有关部门依照法律和国务院规定的职权范围决定。

依照本法规定被吊销资质证书的，由工商行政管理部门吊销其营业执照。

第七十七条　违反本法规定，对不具备相应资质等级条件的单位颁发该等级资质证书的，由其上级机关责令收回所发的资质证书，对直接负责的主管人员和其他直接责任人员给予行政处分；构成犯罪的，依法追究刑事责任。

第七十八条　政府及其所属部门的工作人员违反本法规定，限定发包单位将招标发包的工程发包给指定的承包单位的，由上级机关责令改正；构成犯罪的，依法追究刑事责任。

第七十九条　负责颁发建筑工程施工许可证的部门及其工作人员对不符合施工条件的建筑工程颁发施工许可证的，负责工程质量监督检查或者竣工验收的部门及其工作人员对不合格的建筑工程出具质量合格文件或者按合格工程验收的，由上级机关责令改正，对责任人员给予行政处分；构成犯罪的，依法追究刑事责任；造成损失的，由该部门承担相应的赔偿责任。

第八十条　在建筑物的合理使用寿命内，因建筑工程质量不合格受到损害的，有权向责任者要求赔偿。

1.1.8　附则

第八十一条　本法关于施工许可、建筑施工企业资质审查和建筑工程发包、承包、禁止转包，以及建筑工程监理、建筑工程安全和质量管理的规定，适用于其他专业建筑工程的建筑活动，具体办法由国务院规定。

第八十二条　建设行政主管部门和其他有关部门在对建筑活动实施监督管理中，除按照国务院有关规定收取费用外，不得收取其他费用。

第八十三条　省、自治区、直辖市人民政府确定的小型房屋建筑工程的建筑活动，参照本法执行。

依法核定作为文物保护的纪念建筑物和古建筑等的修缮，依照文物保护的有关法律规定执行。

抢险救灾及其他临时性房屋建筑和农民自建低层住宅的建筑活动，不适用本法。

第八十四条　军用房屋建筑工程建筑活动的具体管理办法，由国务院、中央军事委员会依据本法制定。

第八十五条　本法自 1998 年 3 月 1 日起施行。

第 2 节　《中华人民共和国节约能源法（2018 年修正）》

1.2.1　总则

第一条　为了推动全社会节约能源，提高能源利用效率，保护和改善环境，促进经济社会全面协调可持续发展，制定本法。

第二条　本法所称能源，是指煤炭、石油、天然气、生物质能和电力、热力以及其他直接或者通过加工、转换而取得有用能的各种资源。

第三条　本法所称节约能源（以下简称节能），是指加强用能管理，采取技术上可行、经济上合理以及环境和社会可以承受的措施，从能源生产到消费的各个环节，降低消耗、减少损失和污染物排放、制止浪费，有效、合理地利用能源。

第四条　节约资源是我国的基本国策。国家实施节约与开发并举、把节约放在首位的能源发展战略。

第五条　国务院和县级以上地方各级人民政府应当将节能工作纳入国民经济和社会发展规划、年度计划，并组织编制和实施节能中长期专项规划、年度节能计划。

国务院和县级以上地方各级人民政府每年向本级人民代表大会或者其常务委员会报告节能工作。

第六条　国家实行节能目标责任制和节能考核评价制度，将节能目标完成情况作为对地方人民政府及其负责人考核评价的内容。

省、自治区、直辖市人民政府每年向国务院报告节能目标责任的履行情况。

第七条　国家实行有利于节能和环境保护的产业政策，限制发展高耗能、高污染行业，发展节能环保型产业。

国务院和省、自治区、直辖市人民政府应当加强节能工作，合理调整产业结构、企业结构、产品结构和能源消费结构，推动企业降低单位产值能耗和单位产品能耗，淘汰落后的生产能力，改进能源的开发、加工、转换、输送、储存和供应，提高能源利用效率。

国家鼓励、支持开发和利用新能源、可再生能源。

第八条　国家鼓励、支持节能科学技术的研究、开发、示范和推广，促进节能技术创新与进步。

国家开展节能宣传和教育，将节能知识纳入国民教育和培训体系，普及节能科学知识，增强全民的节能意识，提倡节约型的消费方式。

第九条　任何单位和个人都应当依法履行节能义务，有权检举浪费能源的行为。

新闻媒体应当宣传节能法律、法规和政策，发挥舆论监督作用。

第十条　国务院管理节能工作的部门主管全国的节能监督管理工作。国务院有关部门在各自的职责范围内负责节能监督管理工作，并接受国务院管理节能工作的部门的指导。

县级以上地方各级人民政府管理节能工作的部门负责本行政区域内的节能监督管理工作。县级以上地方各级人民政府有关部门在各自的职责范围内负责节能监督管理工作，并接受同级管理节能工作的部门的指导。

1.2.2　节能管理

第十一条　国务院和县级以上地方各级人民政府应当加强对节能工作的领导，部署、协调、监督、检查、推动节能工作。

第十二条　县级以上人民政府管理节能工作的部门和有关部门应当在各自的职责范围内，加强对节能法律、法规和节能标准执行情况的监督检查，依法查处违法用能行为。

履行节能监督管理职责不得向监督管理对象收取费用。

第十三条　国务院标准化主管部门和国务院有关部门依法组织制定并适时修订有关节能的国家标准、行业标准，建立健全节能标准体系。

国务院标准化主管部门会同国务院管理节能工作的部门和国务院有关部门制定强制性的用能产品、设备能源效率标准和生产过程中耗能高的产品的单位产品能耗限额标准。

国家鼓励企业制定严于国家标准、行业标准的企业节能标准。

省、自治区、直辖市制定严于强制性国家标准、行业标准的地方节能标准，由省、自治区、直辖市人民政府报经国务院批准；本法另有规定的除外。

第十四条　建筑节能的国家标准、行业标准由国务院建设主管部门组织制定，并依照法定程序发布。

省、自治区、直辖市人民政府建设主管部门可以根据本地实际情况，制定严于国家标准或者行业标准的地方建筑节能标准，并报国务院标准化主管部门和国务院建设主管部门备案。

第十五条　国家实行固定资产投资项目节能评估和审查制度。不符合强制性节能标准的项目，建设单位不得开工建设；已经建成的，不得投入生产、使用。政府投资项目不符合强制性节能标准的，依法负责项目审批的机关不得批准建设。具体办法由国务院管理节能工作的部门会同国务院有关部门制定。

第十六条　国家对落后的耗能过高的用能产品、设备和生产工艺实行淘汰制度。淘汰的用能产品、设备、生产工艺的目录和实施办法，由国务院管理节能工作的部门会同国务院有关部门制定并公布。

生产过程中耗能高的产品的生产单位，应当执行单位产品能耗限额标准。对超过单位产品能耗限额标准用能的生产单位，由管理节能工作的部门按照国务院规定的权限责令限期治理。

对高耗能的特种设备，按照国务院的规定实行节能审查和监管。

第十七条　禁止生产、进口、销售国家明令淘汰或者不符合强制性能源效率标准的用能产品、设备；禁止使用国家明令淘汰的用能设备、生产工艺。

第十八条　国家对家用电器等使用面广、耗能量大的用能产品，实行能源效率标识管理。实行能源效率标识管理的产品目录和实施办法，由国务院管理节能工作的部门会同国务院市场监督管理部门制定并公布。

第十九条　生产者和进口商应当对列入国家能源效率标识管理产品目录的用能产品标注能源效率标识，在产品包装物上或者说明书中予以说明，并按照规定报国务院市场监督管理部门和国务院管理节能工作的部门共同授权的机构备案。

生产者和进口商应当对其标注的能源效率标识及相关信息的准确性负责。禁止销售应当标注而未标注能源效率标识的产品。

禁止伪造、冒用能源效率标识或者利用能源效率标识进行虚假宣传。

第二十条　用能产品的生产者、销售者，可以根据自愿原则，按照国家有关节能产品认证的规定，向经国务院认证认可监督管理部门认可的从事节能产品认证的机构提出节能产品认证申请；经认证合格后，取得节能产品认证证书，可以在用能产品或者其包装物上使用节能产品认证标志。

禁止使用伪造的节能产品认证标志或者冒用节能产品认证标志。

第二十一条　县级以上各级人民政府统计部门应当会同同级有关部门，建立健全能源统计制度，完善能源统计指标体系，改进和规范能源统计方法，确保能源统计数据真实、完整。

国务院统计部门会同国务院管理节能工作的部门，定期向社会公布各省、自治区、直辖市以及主要耗能行业的能源消费和节能情况等信息。

第二十二条　国家鼓励节能服务机构的发展，支持节能服务机构开展节能咨询、设计、评估、检测、审计、认证等服务。

国家支持节能服务机构开展节能知识宣传和节能技术培训，提供节能信息、节能示范和其他公益性节能服务。

第二十三条　国家鼓励行业协会在行业节能规划、节能标准的制定和实施、节能技术推广、能源消费统计、节能宣传培训和信息咨询等方面发挥作用。

1.2.3　合理使用与节约能源

1. 一般规定

第二十四条　用能单位应当按照合理用能的原则，加强节能管理，制定并实施节能计划和节能技术措施，降低能源消耗。

第二十五条　用能单位应当建立节能目标责任制，对节能工作取得成绩的集体、个人给予奖励。

第二十六条　用能单位应当定期开展节能教育和岗位节能培训。

第二十七条　用能单位应当加强能源计量管理，按照规定配备和使用经依法检定合格的能源计量器具。

用能单位应当建立能源消费统计和能源利用状况分析制度，对各类能源的消费实行分类计量和统计，并确保能源消费统计数据真实、完整。

第二十八条　能源生产经营单位不得向本单位职工无偿提供能源。任何单位不得对能源消费实行包费制。

2. 工业节能

第二十九条　国务院和省、自治区、直辖市人民政府推进能源资源优化开发利用和合理配置，推进有利于节能的行业结构调整，优化用能结构和企业布局。

第三十条　国务院管理节能工作的部门会同国务院有关部门制定电力、钢铁、有色金属、建材、石油加工、化工、煤炭等主要耗能行业的节能技术政策，推动企业节能技术改造。

第三十一条　国家鼓励工业企业采用高效、节能的电动机、锅炉、窑炉、风机、泵类等设备，采用热电联产、余热余压利用、洁净煤以及先进的用能监测和控制等技术。

第三十二条　电网企业应当按照国务院有关部门制定的节能发电调度管理的规定，安排清洁、高效和符合规定的热电联产、利用余热余压发电的机组以及其他符合资源综合利用规定的发电机组与电网并网运行，上网电价执行国家有关规定。

第三十三条　禁止新建不符合国家规定的燃煤发电机组、燃油发电机组和燃煤热电机组。

3. 建筑节能

第三十四条 国务院建设主管部门负责全国建筑节能的监督管理工作。

县级以上地方各级人民政府建设主管部门负责本行政区域内建筑节能的监督管理工作。

县级以上地方各级人民政府建设主管部门会同同级管理节能工作的部门编制本行政区域内的建筑节能规划。建筑节能规划应当包括既有建筑节能改造计划。

第三十五条 建筑工程的建设、设计、施工和监理单位应当遵守建筑节能标准。

不符合建筑节能标准的建筑工程，建设主管部门不得批准开工建设；已经开工建设的，应当责令停止施工、限期改正；已经建成的，不得销售或者使用。

建设主管部门应当加强对在建建筑工程执行建筑节能标准情况的监督检查。

第三十六条 房地产开发企业在销售房屋时，应当向购买人明示所售房屋的节能措施、保温工程保修期等信息，在房屋买卖合同、质量保证书和使用说明书中载明，并对其真实性、准确性负责。

第三十七条 使用空调采暖、制冷的公共建筑应当实行室内温度控制制度。具体办法由国务院建设主管部门制定。

第三十八条 国家采取措施，对实行集中供热的建筑分步骤实行供热分户计量、按照用热量收费的制度。新建建筑或者对既有建筑进行节能改造，应当按照规定安装用热计量装置、室内温度调控装置和供热系统调控装置。具体办法由国务院建设主管部门会同国务院有关部门制定。

第三十九条 县级以上地方各级人民政府有关部门应当加强城市节约用电管理，严格控制公用设施和大型建筑物装饰性景观照明的能耗。

第四十条 国家鼓励在新建建筑和既有建筑节能改造中使用新型墙体材料等节能建筑材料和节能设备，安装和使用太阳能等可再生能源利用系统。

4. 交通运输节能

第四十一条 国务院有关交通运输主管部门按照各自的职责负责全国交通运输相关领域的节能监督管理工作。

国务院有关交通运输主管部门会同国务院管理节能工作的部门分别制定相关领域的节能规划。

第四十二条 国务院及其有关部门指导、促进各种交通运输方式协调发展和有效衔接，优化交通运输结构，建设节能型综合交通运输体系。

第四十三条 县级以上地方各级人民政府应当优先发展公共交通，加大对公共交通的投入，完善公共交通服务体系，鼓励利用公共交通工具出行；鼓励使用非机动交通工具出行。

第四十四条 国务院有关交通运输主管部门应当加强交通运输组织管理，引导道路、水路、航空运输企业提高运输组织化程度和集约化水平，提高能源利用效率。

第四十五条 国家鼓励开发、生产、使用节能环保型汽车、摩托车、铁路机车车辆、船舶和其他交通运输工具，实行老旧交通运输工具的报废、更新制度。

国家鼓励开发和推广应用交通运输工具使用的清洁燃料、石油替代燃料。

第四十六条 国务院有关部门制定交通运输营运车船的燃料消耗量限值标准；不符合

标准的，不得用于营运。

国务院有关交通运输主管部门应当加强对交通运输营运车船燃料消耗检测的监督管理。

5. 公共机构节能

第四十七条　公共机构应当厉行节约，杜绝浪费，带头使用节能产品、设备，提高能源利用效率。

本法所称公共机构，是指全部或者部分使用财政性资金的国家机关、事业单位和团体组织。

第四十八条　国务院和县级以上地方各级人民政府管理机关事务工作的机构会同同级有关部门制定和组织实施本级公共机构节能规划。公共机构节能规划应当包括公共机构既有建筑节能改造计划。

第四十九条　公共机构应当制定年度节能目标和实施方案，加强能源消费计量和监测管理，向本级人民政府管理机关事务工作的机构报送上年度的能源消费状况报告。

国务院和县级以上地方各级人民政府管理机关事务工作的机构会同同级有关部门按照管理权限，制定本级公共机构的能源消耗定额，财政部门根据该定额制定能源消耗支出标准。

第五十条　公共机构应当加强本单位用能系统管理，保证用能系统的运行符合国家相关标准。

公共机构应当按照规定进行能源审计，并根据能源审计结果采取提高能源利用效率的措施。

第五十一条　公共机构采购用能产品、设备，应当优先采购列入节能产品、设备政府采购名录中的产品、设备。禁止采购国家明令淘汰的用能产品、设备。

节能产品、设备政府采购名录由省级以上人民政府的政府采购监督管理部门会同同级有关部门制定并公布。

6. 重点用能单位节能

第五十二条　国家加强对重点用能单位的节能管理。

下列用能单位为重点用能单位：

（一）年综合能源消费总量一万吨标准煤以上的用能单位；

（二）国务院有关部门或者省、自治区、直辖市人民政府管理节能工作的部门指定的年综合能源消费总量五千吨以上不满一万吨标准煤的用能单位。

重点用能单位节能管理办法，由国务院管理节能工作的部门会同国务院有关部门制定。

第五十三条　重点用能单位应当每年向管理节能工作的部门报送上年度的能源利用状况报告。能源利用状况包括能源消费情况、能源利用效率、节能目标完成情况和节能效益分析、节能措施等内容。

第五十四条　管理节能工作的部门应当对重点用能单位报送的能源利用状况报告进行审查。对节能管理制度不健全、节能措施不落实、能源利用效率低的重点用能单位，管理节能工作的部门应当开展现场调查，组织实施用能设备能源效率检测，责令实施能源审计，并提出书面整改要求，限期整改。

第五十五条　重点用能单位应当设立能源管理岗位，在具有节能专业知识、实际经验以及中级以上技术职称的人员中聘任能源管理负责人，并报管理节能工作的部门和有关部门备案。

能源管理负责人负责组织对本单位用能状况进行分析、评价，组织编写本单位能源利用状况报告，提出本单位节能工作的改进措施并组织实施。

能源管理负责人应当接受节能培训。

1.2.4　节能技术进步

第五十六条　国务院管理节能工作的部门会同国务院科技主管部门发布节能技术政策大纲，指导节能技术研究、开发和推广应用。

第五十七条　县级以上各级人民政府应当把节能技术研究开发作为政府科技投入的重点领域，支持科研单位和企业开展节能技术应用研究，制定节能标准，开发节能共性和关键技术，促进节能技术创新与成果转化。

第五十八条　国务院管理节能工作的部门会同国务院有关部门制定并公布节能技术、节能产品的推广目录，引导用能单位和个人使用先进的节能技术、节能产品。

国务院管理节能工作的部门会同国务院有关部门组织实施重大节能科研项目、节能示范项目、重点节能工程。

第五十九条　县级以上各级人民政府应当按照因地制宜、多能互补、综合利用、讲求效益的原则，加强农业和农村节能工作，增加对农业和农村节能技术、节能产品推广应用的资金投入。

农业、科技等有关主管部门应当支持、推广在农业生产、农产品加工储运等方面应用节能技术和节能产品，鼓励更新和淘汰高耗能的农业机械和渔业船舶。

国家鼓励、支持在农村大力发展沼气，推广生物质能、太阳能和风能等可再生能源利用技术，按照科学规划、有序开发的原则发展小型水力发电，推广节能型的农村住宅和炉灶等，鼓励利用非耕地种植能源植物，大力发展薪炭林等能源林。

1.2.5　激励措施

第六十条　中央财政和省级地方财政安排节能专项资金，支持节能技术研究开发、节能技术和产品的示范与推广、重点节能工程的实施、节能宣传培训、信息服务和表彰奖励等。

第六十一条　国家对生产、使用列入本法第五十八条规定的推广目录的需要支持的节能技术、节能产品，实行税收优惠等扶持政策。

国家通过财政补贴支持节能照明器具等节能产品的推广和使用。

第六十二条　国家实行有利于节约能源资源的税收政策，健全能源矿产资源有偿使用制度，促进能源资源的节约及其开采利用水平的提高。

第六十三条　国家运用税收等政策，鼓励先进节能技术、设备的进口，控制在生产过程中耗能高、污染重的产品的出口。

第六十四条　政府采购监督管理部门会同有关部门制定节能产品、设备政府采购名录，应当优先列入取得节能产品认证证书的产品、设备。

第六十五条　国家引导金融机构增加对节能项目的信贷支持，为符合条件的节能技术研究开发、节能产品生产以及节能技术改造等项目提供优惠贷款。

国家推动和引导社会有关方面加大对节能的资金投入，加快节能技术改造。

　　第六十六条　国家实行有利于节能的价格政策，引导用能单位和个人节能。

　　国家运用财税、价格等政策，支持推广电力需求侧管理、合同能源管理、节能自愿协议等节能办法。

　　国家实行峰谷分时电价、季节性电价、可中断负荷电价制度，鼓励电力用户合理调整用电负荷；对钢铁、有色金属、建材、化工和其他主要耗能行业的企业，分淘汰、限制、允许和鼓励类实行差别电价政策。

　　第六十七条　各级人民政府对在节能管理、节能科学技术研究和推广应用中有显著成绩以及检举严重浪费能源行为的单位和个人，给予表彰和奖励。

1.2.6　法律责任

　　第六十八条　负责审批政府投资项目的机关违反本法规定，对不符合强制性节能标准的项目予以批准建设的，对直接负责的主管人员和其他直接责任人员依法给予处分。

　　固定资产投资项目建设单位开工建设不符合强制性节能标准的项目或者将该项目投入生产、使用的，由管理节能工作的部门责令停止建设或者停止生产、使用，限期改造；不能改造或者逾期不改造的生产性项目，由管理节能工作的部门报请本级人民政府按照国务院规定的权限责令关闭。

　　第六十九条　生产、进口、销售国家明令淘汰的用能产品、设备的，使用伪造的节能产品认证标志或者冒用节能产品认证标志的，依照《中华人民共和国产品质量法》的规定处罚。

　　第七十条　生产、进口、销售不符合强制性能源效率标准的用能产品、设备的，由市场监督管理部门责令停止生产、进口、销售，没收违法生产、进口、销售的用能产品、设备和违法所得，并处违法所得一倍以上五倍以下罚款；情节严重的，吊销营业执照。

　　第七十一条　使用国家明令淘汰的用能设备或者生产工艺的，由管理节能工作的部门责令停止使用，没收国家明令淘汰的用能设备；情节严重的，可以由管理节能工作的部门提出意见，报请本级人民政府按照国务院规定的权限责令停业整顿或者关闭。

　　第七十二条　生产单位超过单位产品能耗限额标准用能，情节严重，经限期治理逾期不治理或者没有达到治理要求的，可以由管理节能工作的部门提出意见，报请本级人民政府按照国务院规定的权限责令停业整顿或者关闭。

　　第七十三条　违反本法规定，应当标注能源效率标识而未标注的，由市场监督管理部门责令改正，处三万元以上五万元以下罚款。

　　违反本法规定，未办理能源效率标识备案，或者使用的能源效率标识不符合规定的，由市场监督管理部门责令限期改正；逾期不改正的，处一万元以上三万元以下罚款。

　　伪造、冒用能源效率标识或者利用能源效率标识进行虚假宣传的，由市场监督管理部门责令改正，处五万元以上十万元以下罚款；情节严重的，吊销营业执照。

　　第七十四条　用能单位未按照规定配备、使用能源计量器具的，由市场监督管理部门责令限期改正；逾期不改正的，处一万元以上五万元以下罚款。

　　第七十五条　瞒报、伪造、篡改能源统计资料或者编造虚假能源统计数据的，依照《中华人民共和国统计法》的规定处罚。

　　第七十六条　从事节能咨询、设计、评估、检测、审计、认证等服务的机构提供虚假信息的，由管理节能工作的部门责令改正，没收违法所得，并处五万元以上十万元以下罚款。

　　第七十七条　违反本法规定，无偿向本单位职工提供能源或者对能源消费实行包费制的，由管理节能工作的部门责令限期改正；逾期不改正的，处五万元以上二十万元以下罚款。

第七十八条　电网企业未按照本法规定安排符合规定的热电联产和利用余热余压发电的机组与电网并网运行，或者未执行国家有关上网电价规定的，由国家电力监管机构责令改正；造成发电企业经济损失的，依法承担赔偿责任。

第七十九条　建设单位违反建筑节能标准的，由建设主管部门责令改正，处二十万元以上五十万元以下罚款。

设计单位、施工单位、监理单位违反建筑节能标准的，由建设主管部门责令改正，处十万元以上五十万元以下罚款；情节严重的，由颁发资质证书的部门降低资质等级或者吊销资质证书；造成损失的，依法承担赔偿责任。

第八十条　房地产开发企业违反本法规定，在销售房屋时未向购买人明示所售房屋的节能措施、保温工程保修期等信息的，由建设主管部门责令限期改正，逾期不改正的，处三万元以上五万元以下罚款；对以上信息作虚假宣传的，由建设主管部门责令改正，处五万元以上二十万元以下罚款。

第八十一条　公共机构采购用能产品、设备，未优先采购列入节能产品、设备政府采购名录中的产品、设备，或者采购国家明令淘汰的用能产品、设备的，由政府采购监督管理部门给予警告，可以并处罚款；对直接负责的主管人员和其他直接责任人员依法给予处分，并予通报。

第八十二条　重点用能单位未按照本法规定报送能源利用状况报告或者报告内容不实的，由管理节能工作的部门责令限期改正；逾期不改正的，处一万元以上五万元以下罚款。

第八十三条　重点用能单位无正当理由拒不落实本法第五十四条规定的整改要求或者整改没有达到要求的，由管理节能工作的部门处十万元以上三十万元以下罚款。

第八十四条　重点用能单位未按照本法规定设立能源管理岗位，聘任能源管理负责人，并报管理节能工作的部门和有关部门备案的，由管理节能工作的部门责令改正；拒不改正的，处一万元以上三万元以下罚款。

第八十五条　违反本法规定，构成犯罪的，依法追究刑事责任。

第八十六条　国家工作人员在节能管理工作中滥用职权、玩忽职守、徇私舞弊，构成犯罪的，依法追究刑事责任；尚不构成犯罪的，依法给予处分。

1.2.7　附则

第八十七条　本法自 2008 年 4 月 1 日起施行。

第3节　《关于进一步加强安全帽等特种劳动防护用品监督管理工作的通知》（市监质监〔2019〕35 号）

市场监管总局办公厅住房和城乡建设部办公厅应急管理部办公厅关于进一步加强安全帽等特种劳动防护用品监督管理工作的通知

市监质监〔2019〕35 号

各省、自治区、直辖市及新疆生产建设兵团市场监管局（委、厅）、住房和城乡建设厅（委、局）、应急管理厅（局）：

安全帽、安全带及防护绝缘鞋、防护手套、自吸过滤式防毒面具等特种劳动防护用品是维护公共安全和生产安全的重要防线，是守护劳动者生命安全和职业健康的重要保障。为加强特种劳动防护用品监督管理，杜绝不符合国家标准或行业标准的产品流入市场、进入企业，切实保障劳动者职业安全和健康，现就有关事项通知如下：

一、总体要求

以习近平新时代中国特色社会主义思想为指导，牢固树立安全发展理念，坚持源头防范、系统治理、依法监管的原则，在生产、销售、使用环节加强特种劳动防护用品监管，确保劳动者人身安全和企业生产安全，为决胜全面建成小康社会创造良好环境。

二、主要内容

（一）加强生产流通领域质量安全监管。

1. 全面落实企业主体责任。各级市场监管部门要加大对特种劳动防护用品的监管力度，督促企业全面落实产品质量主体责任，通过建立完善原料进厂查验、过程质量控制、成品出厂检验以及产品质量追溯等制度，切实履行法律法规规定的产品质量安全责任与义务，提高质量保障能力，促进行业健康发展。

2. 强化产品质量监督抽查。各级市场监管部门要结合本地区行业状况，统筹做好生产和流通领域特种劳动防护用品的质量监督抽查。要以建材市场、批发零售市场、工地周边、城乡接合部劳保商店以及电商平台等为重点场所，以防护性能等涉及安全的指标为重点项目，加大对流通领域的监督抽查力度，提高抽查比重，扩大抽查范围。对抽查不合格的生产、销售企业，要依法严肃处理。

3. 严厉打击质量违法行为。各级市场监管部门对制假"黑窝点"，要报请当地政府予以取缔；对违反产品标识规定、伪造冒用质量标志、偷工减料、以次充好、以不合格产品冒充合格产品等行为，要依法查处。要加强对电商平台的监督管理，督促其落实法定责任，规范网络交易行为。

（二）加强使用环节监督管理。

1. 加强采购进场监管。各级住房和城乡建设、应急管理部门要督促建筑施工企业、相关工矿企业等特种劳动防护用品使用单位采购持有营业执照和出厂检验合格报告的生产厂家生产的产品；要求使用单位严格控制进场验收程序，建立特种劳动防护用品收货验收制度，并留存生产企业的产品合格证和检验检测报告，所配发的劳动防护用品安全防护性能要符合国家或行业标准，禁止质量不合格、资料不齐全或假冒伪劣产品进入现场。

2. 加强现场使用监管。各级住房和城乡建设、应急管理部门要督促使用单位按照国家规定，免费发放和管理特种劳动防护用品，并建立验货、保管、发放、使用、更换、报废等管理制度，及时形成管理档案；对存有疑义或发现与检测报告不符的，要将该批产品退出现场，重新购置质量达标的产品并进行见证取样送检。要落实施工总承包单位的管理责任，鼓励实行统一采购配发的管理制度。

3. 加强日常检查管理。各级住房和城乡建设、应急管理部门要督促使用单位切实加强对作业现场特种劳动防护用品质量和使用情况的日常监督管理，并形成检查台账。对不符合质量要求及破损的劳动防护用品要及时处理更换；对到报废期的劳动防护用品，要立即进行报废处理；已损坏的，不得擅自修补使用。

（三）构建监管长效机制。

1. 实施失信企业联合惩戒。各级主管部门对生产、销售和使用特种劳动防护用品过程中的违法行为作出的行政处罚，应及时归集至国家企业信用信息公示系统并依法向社会公示。要加强安全信用建设，建立守信激励和失信惩戒机制，将信用情况作为招投标、资质资格、施工许可等市场准入管理的重要依据。对于严重失信行为，要依法依规列入"黑名单"，与有关部门实施联合惩戒。

2. 实施质量安全手册制度。要落实企业安全生产主体责任，提高从业人员安全素质，提升现场安全管理能力。

3. 加强劳动防护知识普及。开展各种形式的宣传教育和培训活动，普及劳动防护知识，提高企业安全生产管理水平和职工自我保护意识。

4. 加强质量监管信息联动。各级主管部门要加强与辖区内特种劳动防护用品使用单位的信息联动，鼓励使用单位及个人积极反馈质量问题，及时获取不合格产品及生产销售企业的相关情况。对不在本辖区的生产企业，要及时向企业所在地监管部门通报。要建立不合格特种劳动防护用品信息公示制度，为企业购买产品提供信息服务。

三、保障措施

（一）加强组织领导。各级市场监管、住房和城乡建设、应急管理部门要以对劳动者生命安全和职业健康高度负责的态度，充分认识加强特种劳动防护用品监管工作的重要意义，加强领导、精心组织、认真部署、明确责任，层层督促落实。

（二）强化督促检查。各级市场监管、住房和城乡建设、应急管理部门要加强对特种劳动防护用品生产、销售和使用单位的监督检查，对发现的问题要严格依照相关法律法规处罚，对问题突出的生产、销售、使用单位要进行约谈，并公开曝光。

（三）加强部门联动。各级住房和城乡建设、应急管理部门要将在日常监督检查中发现的特种劳动防护用品质量问题线索，及时向同级市场监管部门通报，市场监管部门要根据线索倒查市场流通和生产环节，努力从源头消除问题和隐患。

（四）严格追责问责。对未使用符合国家或行业标准的特种劳动防护用品，特种劳动防护用品进入现场前未经查验或查验不合格即投入使用，因特种劳动防护用品管理混乱给作业人员带来事故伤害及职业危害的责任单位和责任人，依法追究相关责任。

国家市场监督管理总局办公厅

中华人民共和国住房和城乡建设部办公厅

应急管理部办公厅

2019 年 7 月 4 日

（此件公开发布）

第2章 新标准、新规范

第1节 施工验收标准、规范

2.1.1 《自动喷水灭火系统施工及验收规范》GB 50261—2017（节选）

1. 供水设施安装与施工一般规定

第4.1.1条 消防水泵、消防水箱、消防水池、消防气压给水设备、消防水泵接合器等供水设施及其附属管道的安装，应清除其内部污垢和杂物。安装中断时，其敞口处应封闭。

第4.1.2条 消防供水设施应采取安全可靠的防护措施，其安装位置应便于日常操作和维护管理。

第4.1.3条 消防供水管直接与市政供水管、生活供水管连接时，连接处应安装倒流防止器。

第4.1.4条 供水设施安装时，环境温度不应低于5℃；当环境温度低于5℃时，应采取防冻措施。

2. 消防水泵安装

第4.2.1条 消防水泵的规格、型号应符合设计要求，并应有产品合格证和安装使用说明书。

第4.2.2条 消防水泵的安装，应符合现行国家标准《机械设备安装工程施工及验收通用规范》GB 50231，《风机、压缩机、泵安装工程施工及验收规范》GB 50275的有关规定。

第4.2.3条 吸水管及其附件的安装应符合下列要求：

（1）吸水管上宜设过滤器，并应安装在控制阀后。

（2）吸水管上的控制阀应在消防水泵固定于基础上之后再进行安装，其直径不应小于消防水泵吸水口直径，且不应采用没有可靠锁定装置的蝶阀，蝶阀应采用沟槽式或法兰式蝶阀口。

（3）当消防水泵和消防水池位于独立的两个基础上且相互为刚性连接时、吸水管上应加设柔性连接管。

（4）吸水管水平管段上不应有气囊和漏气现象。变径连接时，应采用偏心异径管件并应采用管顶平接。

第4.2.4条 消防水泵的出水管上应安装止回阀、控制阀和压力表，或安装控制阀、多功能水泵控制阀和压力表；系统的总出水管上还应安装压力表；安装压力表时应加设缓冲装置。缓冲装置的前面应安装旋塞；压力表量程应为工作压力的2.0倍～2.5倍。止回阀或多功能水泵控制阀的安装方向应与水流方向一致。

第4.2.5条 在水泵出水管上，应安装控制阀、检测供水压力、流量用的仪表及排水管道组成的系统流量压力检测装置或预留可供连接流量压力检测装置的接口，其通水能力应与系统供水能力一致。

3. 消防水箱安装和消防水池施工

第4.3.1条 消防水池、高位消防水箱的施工和安装，应符合现行国家标准《给水排水构筑物工程施工及验收规范》GB 50141、《建筑给水排水及采暖工程施工质量验收规范》GB 50242 的有关规定。消防水池、高位消防水箱的水位显示装置设置方式及设置位置应符合设计文件要求。

第4.3.2条 钢筋混凝土消防水池或消防水箱的进水管、出水管应加设防水套管，对有振动的管道应加设柔性接头。组合式消防水池或消防水箱的进水管、出水管接头宜采用法兰连接，采用其他连接时应做防锈处理。

第4.3.3条 高位消防水箱、消防水池的容积、安装位置应符合设计要求。安装时，池（箱）外壁与建筑本体结构墙面或其他池壁之间的净距，应满足施工或装配的需要。安装无管道的侧面，净距不宜小于0.7m；安装有管道的侧面，净距不宜小于1.0m，且管道外壁与建筑本体墙面之间的通道宽度不宜小于0.6m；设有人孔的池顶，顶板面与上面建筑本体板底的净空不应小于0.8m，拼装形式的高位消防水箱底与所在地坪的距离不宜小于0.5m。

第4.3.4条 消防水池、高位消防水箱的溢流管、泄水管不得与生产或生活用水的排水系统直接相连。应采用间接排水方式。

第4.3.5条 高位消防水箱、消防水池的人孔宜密闭；通气管、溢流管应有防止昆虫及小动物爬入水池（箱）的措施。

第4.3.6条 当高位消防水箱、消防水池与其他用途的水箱、水池合用时，应复核有效的消防水量，满足设计要求，并应设有防止消防用水被他用的措施。

第4.3.7条 高位消防水箱、消防水池的进水管、出水管上应设置带有指示启闭装置的阀门。

第4.3.8条 高位消防水箱的出水管上应设置防止消防用水倒流进入高位消防水箱的止回阀。

4. 消防气压给水设备和稳压泵安装

第4.4.1条 消防气压给水设备的气压罐，其容积（总容积、最大有效水容积）、气压、水位及下作压力应符合设计要求。

第4.4.2条 消防气压给水设备安装位置、进水管及出水管方向应符合设计要求；出水管上应设止回阀，安装时其四周应设检修通道，其宽度不宜小于0.70m，消防气压给水设备顶部至楼板或梁底的距离不宜小于0.60m。

第4.4.3条 消防气压给水设备上的安全阀、压力表、泄水管、水位指示器、压力控制仪表等的安装应符合产品使用说明书的要求。

第4.4.4条 稳压泵的规格、型号应符合设计要求，并应有产品合格证和安装使用说明书。

第4.4.5条 稳压泵的安装应符合现行国家标准《机械设备安装工程施工及验收通用规范》GB 50231 和《风机、压缩机、泵安装工程施工及验收规范》GB 50275 的有关规定。

5. 消防水泵接合器安装

第 4.5.1 条　组装式消防水泵接合器的安装，应按接口、本体、联接管、止回阀、安全阀、放空管、控制阀的顺序进行，止回阀的安装方向应使消防用水能从消防水泵接合器进入系统；整体式消防水泵接合器的安装，按其使用安装说明书进行。

第 4.5.2 条　消防水泵接合器的安装应符合下列规定：

（1）应安装在便于消防车接近的人行道或非机动车行驶地段，距室外消火栓或消防水池的距离宜为 15m～40m。

（2）自动喷水灭火系统的消防水泵接合器应设置与消火栓系统的消防水泵接合器区别的永久性固定标志，并有分区标志。

（3）地下消防水泵接合器应采用铸有"消防水泵接合器"标志的铸铁井盖，并应在附近设置指示其位置的永久性固定标志。

（4）墙壁消防水泵接合器的安装应符合设计要求。设计无要求时，其安装高度距地面宜为 0.7m，与墙面上的门、窗、孔、洞的净距离不应小于 2.0m，且不应安装在玻璃幕墙下方。

第 4.5.3 条　地下消防水泵接合器的安装，应使进水口与井盖底面的距离不大于 0.4m，且不应小于井盖的半径。

第 4.5.4 条　地下消防水泵接合器井的砌筑应有防水和排水措施。

6. 管网安装

第 5.1.1 条　管网采用钢管时，其材质应符合现行国家标准《输送流体用无缝钢管》GB/T 8163 和《低压流体输送用焊接钢管》GB/T 3091 的要求。

第 5.1.2 条　管网采用不锈钢管时，其材质应符合现行国家标准《流体输送用不锈钢焊接钢管》GB/T 12771 和《不锈钢卡压式管件组件　第 2 部分：连接用薄壁不锈钢管》GB/T 19228.2 的要求。

第 5.1.3 条　管网采用铜管道时，其材质应符合现行国家标准《无缝铜水管和铜气管》GB/T 18033、《铜管接头　第 1 部分：钎焊式管件》GB/T 11618.1 和《铜管接头　第 2 部分：卡压式管件》GB/T 11618.2 的要求。

第 5.1.4 条　管网采用涂覆钢管时，其材质应符合现行国家标准《自动喷水灭火系统　第 20 部分：涂覆钢管》GB/T 5135.20 的要求。

第 5.1.5 条　管网采用氯化聚氯乙烯（PVC-C）管道时，其材质应符合现行国家标准《自动喷水灭火系统　第 19 部分：塑料管道及管件》GB/T 5135.19 的要求。

第 5.1.6 条　管道连接后不应减小过水横断面面积。热镀锌钢管、涂覆钢管安装应采用螺纹、沟槽式管件或法兰连接。

第 5.1.7 条　薄壁不锈钢管安装应采用环压、卡凸式、卡压、沟槽式、法兰等连接。

第 5.1.8 条　铜管安装应采用钎焊、卡套、卡压、沟槽式等连接。

第 5.1.9 条　氯化聚氯乙烯（PVC-C）管材与氯化聚氯乙烯（PVC-C）管件的连接应采用承插式粘接连接；氯化聚氯乙烯（PVC-C）管材与法兰式管道、阀门及管件的连接，应采用氯化聚氯乙烯（PVC-C）法兰与其他材质法兰对接连接；氯化聚氯乙烯（PVC-C）管材与螺纹式管道、阀门及管件的连接应采用内丝接头的注塑管件螺纹连接；氯化聚氯乙烯（PVC-C）管材与沟槽式（卡箍）管道、阀门及管件的连接，应采用沟槽（卡箍）注塑管件连接。

第 5.1.10 条　管网安装前应校直管道，并清除管道内部的杂物；在具有腐蚀性的场所，安装前应按设计要求对管道、管件等进行防腐处理；安装时应随时清除管道内部的杂物。

第 5.1.11 条　沟槽式管件连接应符合下列规定：

（1）选用的沟槽式管件应符合现行国家标准《自动喷水灭火系统　第 11 部分：沟槽式管接件》GB/T 5135.11 的要求，其材质应为球墨铸铁，并应符合现行国家标准《球墨铸铁件》GB/T 1348 的要求；橡胶密封圈的材质应为 EPDM（三元乙丙橡胶），并应符合《金属管道系统快速管接头的性能要求和试验方法》ISO 6182-12 的要求。

（2）沟槽式管件连接时，其管道连接沟槽和开孔应用专用滚槽机和开孔机加工，并应做防腐处理；连接前应检查沟槽和孔洞尺寸，加工质量应符合技术要求；沟槽、孔洞处不得有毛刺、破损性裂纹和脏物。

（3）橡胶密封圈应无破损和变形。

（4）沟槽式管件的凸边应卡进沟槽后再紧固螺栓，两边应同时紧固，紧固时发现橡胶圈起皱应更换新橡胶圈。

（5）机械三通连接时，应检查机械三通与孔洞的间隙，各部位应均匀，然后再紧固到位；机械三通开孔间距不应小于 500mm，机械四通开孔间距不应小于 1000mm；机械三通、机械四通连接时支管的口径应满足表 2-1 的规定。

采用支管接头（机械三通、机械四通）时支管的最大允许管径（mm）　　表 2-1

主管直径 DN		50	65	80	100	125	150	200	250	300
支管直径 DN	机械三通	25	40	40	65	80	100	100	100	100
	机械四通	—	32	40	50	65	80	100	100	100

（6）配水干管（立管）与配水管（水平管）连接，应采用沟槽式管件，不应采用机械三通。

（7）埋地的沟槽式管件的螺栓、螺帽应做防腐处理水泵房内的埋地管道连接应采用挠性接头。

第 5.1.12 条　螺纹连接应符合下列要求：

（1）管道宜采用机械切割，切割面不得有飞边、毛刺；管道螺纹密封面应符合现行国家标准《普通螺纹　基本尺寸》GB/T 196、《普通螺纹　公差》GB/T 197 和《普通螺纹　管路系列》GB/T 1414 的有关规定。

（2）当管道变径时，宜采用异径接头；在管道弯头处不宜采用补芯，当需要采用补芯时。三通上可用 1 个，四通上不应超过 2 个；公称直径大于 50mm 的管道不宜采用活接头。

（3）螺纹连接的密封填料应均匀附着在管道的螺纹部分；拧紧螺纹时，不得将填料挤入管道内；连接后，应将连接处外部清理干净。

第 5.1.13 条　法兰连接可采用焊接法兰或螺纹法兰。焊接法兰焊接处应做防腐处理，并宜重新镀锌后再连接。焊接应符合现行国家标准《工业金属管道工程施工及验收规范》

GB 50235、《现场设备、工业管道焊接工程施工及验收规范》GB 50236 的有关规定。螺纹法兰连接应预测对接位置，清除外露密封填料后再紧固、连接。

第5.1.14条　管道的安装位置应符合设计要求。当设计无要求时，管道的中心线与梁、柱、楼板等的最小距离应符合表 2-2 的规定。公称直径大于或等于 100mm 的管道其距离顶板、墙面的安装距离不宜小于 200mm。

管道的中心线与梁、柱、楼板的最小距离（mm）　　表 2-2

公称直径	25	32	40	50	70	80	100	125	150	200	250	300
距离	40	40	50	60	70	80	100	125	150	200	250	300

第5.1.15条　管道支架、吊架、防晃支架的安装应符合下列要求：

（1）管道应固定牢固；管道支架或吊架之间的距离不应大于表 2-3～表 2-7 的规定。

镀锌钢管道、涂覆钢管道支架或吊架之间的距离　　表 2-3

公称直径(mm)	25	32	40	50	70	80	100	125	150	200	250	300
距离(m)	3.5	4.0	4.5	5.0	6.0	6.0	6.5	7.0	8.0	9.5	11.0	12.0

不锈钢管道的支架或吊架之间的距离　　表 2-4

公称直径 DN(mm)	25	32	40	50～100	150～300
水平管(m)	1.8	2.0	2.2	2.5	3.5
立管(m)	2.2	2.5	2.8	3.0	4.0

注：1. 在距离各管件或阀门 100mm 以内应采用管卡牢圈固定，特别在干管变支管处。

　　2. 阀门等组件应加设承重支架。

铜管道的支架或吊架之间的距离　　表 2-5

公称直径 DN(mm)	25	32	40	50	65	80	100	125	150	200	250	300
水平管(m)	1.8	2.4	2.4	2.4	3.0	3.0	3.0	3.0	3.5	3.5	4.0	4.0
立管(m)	2.4	3.0	3.0	3.0	3.5	3.5	3.5	3.5	4.0	4.0	4.5	4.5

氯化聚氯乙烯（PVC-C）管道支架或吊架之间的距离　　表 2-6

公称外径(mm)	25	32	40	50	65	80
最大间距(m)	1.8	2.0	2.1	2.4	2.7	3.0

沟槽连接管道最大支承间距　　表 2-7

公称直径(mm)	最大支撑间距(m)
65～100	3.5
125～200	4.2
250～315	5.0

注：1. 横管的任何两个接头之间应有支承。

　　2. 不得支撑在接头。

（2）管道支架、吊架、防晃支架的型式、材质、加工尺寸及焊接质量等，应符合设计要求和国家现行有关标准的规定。

（3）管道支架、吊架的安装位置不应妨碍喷头的喷水效果；管道支架、吊架与喷头之间的距离不宜小于 300mm；与末端喷头之间的距离不宜大于 750mm。

（4）配水支管上每一直管段、相邻两喷头之间的管段设置的吊架均不宜少于 1 个，吊架的间断不宜大于 3.6m。

（5）当管道的公称直径等于或大于 50mm 时，每段配水干管或配水管设置防晃支架不应少于 1 个，且防晃支架的间距不宜大于 15m；当管道改变方向时，应增设防晃支架。

（6）竖直安装的配水干管除中间用管卡固定外，还应在其始端和终端设防晃支架或采用管卡固定，其安装位置距地面或楼面的距离宜为 1.5～1.8m。

第 5.1.16 条 管道穿过建筑物的变形缝时，应采取抗变形措施。穿过墙体或楼板时应加设套管，套管长度不得小于墙体厚度，穿过楼板的套管其顶部应高出装饰地面 20mm；穿过卫生间或厨房楼板的套管，其顶部应高出装饰地面 50mm，且套管底部应与楼板底面相平。套管与管道的间隙应采用不燃材料填塞密实。

第 5.1.17 条 管道横向安装宜设 2‰～5‰的坡度，且应坡向排水管；当局部区域难以利用排水管将水排净时，应采取相应的排水措施。当喷头数量小于或等于 5 只时，可在管道低凹处加设堵头；当喷头数量大于 5 只时，宜装设带阀门的排水管。

第 5.1.18 条 配水干管、配水管应做红色或红色环圈标志。红色环圈标志，宽度不应小于 20mm，间隔不宜大于 4m，在一个独立的单元内环圈不宜少于 2 处。

第 5.1.19 条 管网在安装中断时。应将管道的敞口封闭。

第 5.1.20 条 涂覆钢管的安装应符合下列有关规定：

（1）涂覆钢管严禁剧烈撞击或与尖锐物品碰触，不得抛、摔、滚、拖。

（2）不得在现场进行焊接操作。

（3）涂覆钢管与铜管、氯化聚氯乙烯（PVC-C）管连接时应采用专用过渡接头。

第 5.1.21 条 不锈钢管的安装应符合下列有关规定：

（1）薄壁不锈钢管与其他材料的管材、管件和附件相连接时，应有防止电化学腐蚀的措施。

（2）公称直径为 $DN25～DN50$ 的薄壁不锈钢管道与其他材料的管道连接时。应采用专用螺纹转换连接件（如环压或卡压式不锈钢管的螺纹转换接头）连接。

（3）公称直径为 $DN65～DN100$ 的薄壁不锈钢管道与其他材料的管道连接时，宜采用专用法兰转换连接件连接。

（4）公称直径 $DN≥125$ 的薄壁不锈钢管道与其他材料的管道连接时，宜采用沟槽式管件连接或法兰连接。

第 5.1.22 条 铜管的安装应符合下列有关规定：

（1）硬钎焊可用于各种规格铜管与管件的连接；对管径不大于 $DN50$、需拆卸的铜管可采用卡套连接；管径不大于 $DN50$ 的铜管可采用卡压连接；管径不小于 $DN50$ 的铜管可采用沟槽连接。

（2）管道支承件宜采用铜合金制品。当采用钢件支架时，管道与支架之间应设软性隔垫，隔垫不得对管道产生腐蚀。

（3）当沟槽连接件为非铜材质时，其接触面应采取必要的防腐措施。

第 5.1.23 条　氯化聚氯乙烯（PVC-C）管道的安装应符合下列有关规定：

（1）氯化聚氯乙烯（PVC-C）管材与氯化聚氯乙烯（PVC-C）管件的连接应采用承插式粘接连接，氯化聚氯乙烯（PVC-C）管材与法兰式管道、阀门及管件的连接，应采用氯化聚氯乙烯（PVC-C）法兰与其他材质法兰对接连接；氯化聚氯乙烯（PVC-C）管材与螺纹式管道、阀门及管件的连接应采用内丝接头的注塑管件螺纹连接；氯化聚氯乙烯（PVC-C）管材与沟槽式（卡箍）管道、阀门及管件的连接，应采用沟槽（卡箍）注塑管件连接。

（2）粘接连接应选用与管材、管件相兼容的胶粘剂，粘接连接宜在 4～38℃ 的环境温度下操作，接头粘接不得在雨中或水中施工，并应远离火源，避免阳光直射。

第 5.1.24 条　消防洒水软管的安装应符合下列有关规定：

（1）消防洒水软管出水口的螺纹应和喷头的螺纹标准一致。

（2）消防洒水软管安装弯曲时应大于软管标记的最小弯曲半径。

（3）消防洒水软管应安装相应的支架系统进行固定，确保连接喷头处锁紧。

（4）消防洒水软管波纹段与接头处 60mm 之内不得弯曲。

（5）应用在洁净室区域的消防洒水软管应采用全不锈钢材料制作的编织网型式焊接软管，不得采用橡胶圈密封的组装型式的软管。

（6）应用在风烟管道处的消防洒水软管应采用全不锈钢材料制作的编织网型式焊接型软管，应安装配套防火底座和与喷头响应温度对应的自熔密封塑料袋。

7. 喷头安装

第 5.2.1 条　喷头安装必须在系统试压、冲洗合格后进行。

第 5.2.2 条　喷头安装时，不应对喷头进行拆装、改动，并严禁给喷头、隐蔽式喷头的装饰盖板附加任何装饰性涂层。

第 5.2.3 条　喷头安装应使用专用扳手，严禁利用喷头的框架施拧；喷头的框架、溅水盘产生变形或释放原件损伤时，应采用规格、型号相同的喷头更换。

第 5.2.4 条　安装在易受机械损伤处的喷头，应加设喷头防护罩。

第 5.2.5 条　喷头安装时，溅水盘与吊顶、门、窗、洞口或障碍物的距离应符合设计要求。

第 5.2.6 条　安装前检查喷头的型号、规格、使用场所应符合设计要求。系统采用隐蔽式喷头时，配水支管的标高和吊顶的开口尺寸应准确控制。

第 5.2.7 条　当喷头的公称直径小于 10mm 时，应在配水干管或配水管上安装过滤器。

第 5.2.8 条　当喷头溅水盘高于附近梁底或高于宽度小于 1.2m 的通风管道、排管、桥架腹面时，喷头溅水盘高于梁底、通风管道、排管、桥架腹面的最大垂直距离应符合表 2-8～表 2-16 的规定（见图 2-1）。

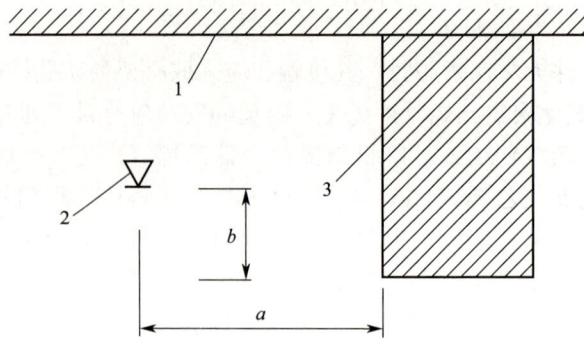

图 2-1　喷头与梁等障碍物的距离

1—天花板或屋顶；2—喷头；3—障碍物

喷头溅水盘高于梁底、通风管道腹面的最大垂直距离（标准直立与下垂喷头）　表 2-8

喷头与梁、通风管道、排管、桥架的 水平距离 a（mm）	喷头溅水盘高于梁底、通风管道、排管、 桥架腹面的最大垂直距离 b（mm）
$a<300$	0
$300{\leqslant}a<600$	60
$600{\leqslant}a<900$	140
$900{\leqslant}a<1200$	240
$1200{\leqslant}a<1500$	350
$1500{\leqslant}a<1800$	450
$1800{\leqslant}a<2100$	600
$a{\geqslant}2100$	880

喷头溅水盘高于梁底、通风管道腹面的最大垂直距离（边墙型喷头、与障碍物平行）　表 2-9

喷头与梁、通风管道、 排管、桥架的水平距离 a（mm）	喷头溅水盘高于梁底、通风管道、 排管、桥架腹面的最大垂直距离 b（mm）
$a<300$	30
$300{\leqslant}a<600$	80
$600{\leqslant}a<900$	140
$900{\leqslant}a<1200$	200
$1200{\leqslant}a<1500$	250
$1500{\leqslant}a<1800$	320
$1800{\leqslant}a<2100$	380
$2100{\leqslant}a<2250$	440

喷头溅水盘高于梁底、通风管道腹面的最大垂直距离

（边墙型喷头，与障碍物垂直）　　　　　　表 2-10

喷头与梁、通风管道、排管、桥架的水平距离 a(mm)	喷头溅水盘高于梁底、通风管道、排管、桥架腹面的最大垂直距离 b(mm)
$a<1200$	不允许
$1200{\leqslant}a<1500$	30
$1500{\leqslant}a<1800$	50
$1800{\leqslant}a<2100$	100
$2100{\leqslant}a<2400$	180
$a{\geqslant}2400$	280

喷头溅水盘高于梁底、通风管道腹面的最大垂直距离

（扩大覆盖面直立与下垂喷头）　　　　　　表 2-11

喷头与梁、通风管道、排管、桥架的水平距离 a(mm)	喷头溅水盘高于梁底、通风管道、排管、桥架腹面的最大垂直距离 b(mm)
$a<300$	0
$300{\leqslant}a<600$	0
$600{\leqslant}a<900$	30
$900{\leqslant}a<1200$	80
$1200{\leqslant}a<1500$	130
$1500{\leqslant}a<1800$	180
$1800{\leqslant}a<2100$	230
$2100{\leqslant}a<2400$	350
$2400{\leqslant}a<2700$	380
$2700{\leqslant}a<3000$	480

喷头溅水盘高于梁底、通风管道腹面的最大垂直距离

（扩大覆盖面边墙型喷头，与障碍物平行）　　　表 2-12

喷头与梁、通风管道、排管、桥架的水平距离 a(mm)	喷头溅水盘高于梁底、通风管道、排管、桥架腹面的最大垂直距离 b(mm)
$a<450$	0
$450{\leqslant}a<900$	30
$900{\leqslant}a<1200$	80
$1200{\leqslant}a<1350$	130
$1350{\leqslant}a<1800$	180
$1800{\leqslant}a<1950$	230
$1950{\leqslant}a<2100$	280
$2100{\leqslant}a<2250$	350

喷头溅水盘高于梁底、通风管道腹面的最大垂直距离
（扩大覆盖面边墙型喷头，与障碍物垂直）　　表 2-13

喷头与梁、通风管道、排管、桥架的水平距离 a（mm）	喷头溅水盘高于梁底、通风管道、排管、桥架腹面的最大垂直距离 b（mm）
$a<2400$	不允许
$2400≤a<3000$	30
$3000≤a<3300$	50
$3300≤a<3600$	80
$3600≤a<3900$	100
$3900≤a<4200$	150
$4200≤a<4500$	180
$4500≤a<4800$	230
$4800≤a<5100$	280
$a≥5100$	350

喷头溅水盘高于梁底、通风管道腹面的最大垂直距离（特殊应用喷头）　　表 2-14

喷头与梁、通风管道、排管、桥架的水平距离 a（mm）	喷头溅水盘高于梁底、通风管道、排管、桥架腹面的最大垂直距离 b（mm）
$a<300$	0
$300≤a<600$	40
$600≤a<900$	140
$900≤a<1200$	250
$1200≤a<1500$	380
$1500≤a<1800$	550
$a≥1800$	780

喷头溅水盘高于梁底、通风管道腹面的最大垂直距离（ESFR 喷头）　　表 2-15

喷头与梁、通风管道、排管、桥架的水平距离 a（mm）	喷头溅水盘高于梁底、通风管道、排管、桥架腹面的最大垂直距离 b（mm）
$a<300$	0
$300≤a<600$	40
$600≤a<900$	140
$900≤a<1200$	250
$1200≤a<1500$	380
$1500≤a<1800$	550
$a≥1800$	780

喷头溅水盘高于梁底、通风管道腹面的最大垂直距离（直立和下垂型家用喷头）　表 2-16

喷头与梁、通风管道、排管、桥架的水平距离 a（mm）	喷头溅水盘高于梁底、通风管道、排管、桥架腹面的最大垂直距离 b（mm）
$a<450$	0
$450\leqslant a<900$	30
$900\leqslant a<1200$	80
$1200\leqslant a<1350$	130
$1350\leqslant a<1800$	180
$1350\leqslant a<1950$	230
$1950\leqslant a<2100$	280
$a\geqslant 2100$	350

第 5.2.9 条　当梁、通风管道、排管、桥架宽度大于 1.2m 时，增设的喷头应安装在其腹面以下部位。

第 5.2.10 条　当喷头安装在不到顶的隔断附近时，喷头与隔断的水平距离和最小垂直距离应符合表 2-17 的规定（见图 2-2）。

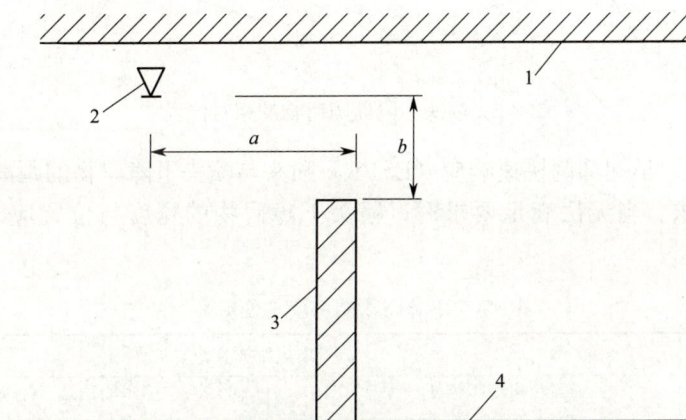

图 2-2　喷头与隔断障碍物的距离
1—天花板或屋顶；2—喷头；3—障碍物；4—地板

喷头与隔断的水平距离和最小垂直距离（mm）　表 2-17

喷头与隔断的水平距离 a	喷头与隔断的最小垂直距离 b
$a<150$	80
$150\leqslant a<300$	150
$300\leqslant a<450$	240
$450\leqslant a<600$	310
$600\leqslant a<750$	390
$a\geqslant 750$	450

第5.2.11条 下垂式早期抑制快速响应（ESFR）喷头溅水盘与顶板的距离应为150～360mm。直立式早期抑制快速响应（ESFR）喷头溅水盘与顶板的距离应为100～150mm。

第5.2.12条 顶板处的障碍物与任何喷头的相对位置，应使喷头到障碍物底部的垂直距离（H）以及到障碍物边缘的水平距离（L）满足图2-3所示的要求。当无法满足要求时，应满足下列要求之一。

（1）当顶板处实体障碍物宽度不大于0.6m时，应在障碍物的两侧都安装喷头，且两侧喷头到该障碍物的水平距离不应大于所要求喷头间距的一半。

（2）对顶板处非实体的建筑构件，喷头与构件侧缘应保持不小于0.3m的水平距离。

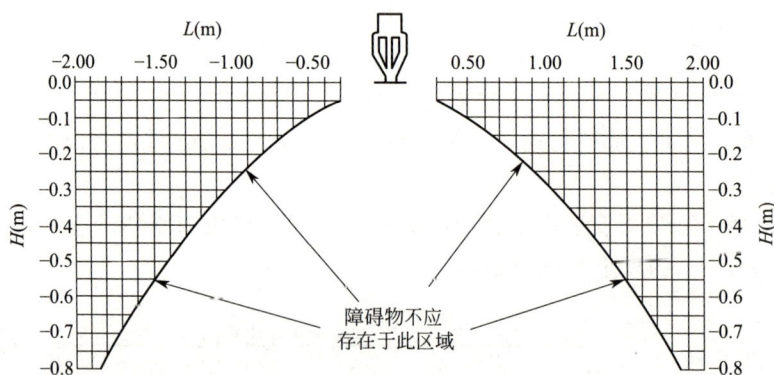

图2-3 喷头与隔断障碍物的相对位置

第5.2.13条 早期抑制快速响应（ESFR）喷头与喷头下障碍物的距离应满足本规范图2-3所示的要求。当无法满足要求时，喷头下障碍物的宽度与位置应满足表2-18的规定。

喷头下障碍物的宽度与位置　　　　　　　　　　　　　　　　表2-18

喷头下障碍物宽度 W（cm）	障碍物位置或其他要求	
	障碍物边缘距喷头溅水盘最小允许水平距离 L（m）	障碍物顶端距喷头溅水盘最小允许垂直距离 H（m）
$W \leqslant 2$	任意	0.1
$2 < W \leqslant 5$	任意	0.6
	0.3	任意
$5 < W \leqslant 30$	0.3	任意
$30 < W \leqslant 60$	0.6	任意
$W \geqslant 60$	障碍物位置任意。障碍物以下应加装同类喷头，喷头最大间距应为2.4m。若障碍物底面不是平面(例如圆形风管)或不是实体(例如一组电缆)，应在障碍物下安装一层宽度相同或稍宽的不燃平板，再按要求在这层平板下安装喷头	

第5.2.14条 直立式早期抑制快速响应（ESFR）喷头下的障碍物，满足下列任一要求时，可以忽略不计。

（1）腹部通透的屋面托架或桁架，其下弦宽度或直径不大于10cm。

（2）其他单独的建筑构件，其宽度或直径不大于10cm。

（3）单独的管道或线槽等，其宽度或直径不大于 10cm，或者多根管道或线槽，总宽度不大于 10cm。

8. 报警阀组安装

第 5.3.1 条　报警阀组的安装应在供水管网试压，冲洗合格后进行。安装时应先安装水源控制阀、报警阀，然后进行报警阀辅助管道的连接。水源控制阀、报警阀与配水干管的连接，应使水流方向一致。报警阀组安装的位置应符合设计要求；当设计无要求时，报警阀组应安装在便于操作的明显位置，距室内地面高度宜为 1.2m；两侧与墙的距离不应小于 0.5m；正面与墙的距离不应小于 1.2m；报警阀组凸出部位之间的距离不应小于 0.5m。安装报警阀组的室内地面应有排水设施，排水能力应满足报警阀调试、验收和利用试水阀门泄空系统管道的要求。

第 5.3.2 条　报警阀组附件的安装应符合下列要求：

（1）压力表应安装在报警阀上便于观测的位置。

（2）排水管和试验阀应安装在便于操作的位置。

（3）水源控制阀安装应便于操作，且应有明显开闭标志和可靠的锁定设施。

第 5.3.3 条　湿式报警阀组的安装应符合下列要求：

（1）应使报警阀前后的管道中能顺利充满水；压力波动时，水力警铃不应发生误报警。

（2）报警水流通路上的过滤器应安装在延迟器前，且便于排渣操作的位置。

第 5.3.4 条　干式报警阀组的安装应符合下列要求：

（1）应安装在不发生冰冻的场所。

（2）安装完成后，应向报警阀气室注入高度为 50～100mm 的清水。

（3）充气连接管接口应在报警阀气室充注水位以上部位，且充气连接管的直径不应小于 15mm；止回阀、截止阀应安装在充气连接管上。

（4）气源设备的安装应符合设计要求和国家现行有关标准的规定。

（5）安全排气阀应安装在气源与报警阀之间，且应靠近报警阀。

（6）加速器应安装在靠近报警阀的位置，且应有防止水进入加速器的措施。

（7）低气压预报警装置应安装在配水干管一侧。

（8）下列部位应安装压力表：

1）报警阀充水一侧和充气一侧；

2）空气压缩机的气泵和储气罐上；

3）加速器上。

（9）管网充气压力应符合设计要求。

第 5.3.5 条　雨淋阀组的安装应符合下列要求：

（1）雨淋阀组可采用电动开启、传动管开启或手动开启，开启控制装置的安装应安全可靠。水传动管的安装应符合湿式系统有关要求。

（2）预作用系统雨淋阀组后的管道若需充气，其安装应按干式报警阀组有关要求进行。

（3）雨淋阀组的观测仪表和操作阀门的安装位置应符合设计要求，并应便于观测和操作。

（4）雨淋阀组手动开启装置的安装位置应符合设计要求，且在发生火灾时应能安全开启和便于操作。

（5）压力表应安装在雨淋阀的水源一侧。

9. 其他组件安装

第5.4.1条 水流指示器的安装应符合下列要求：

（1）水流指示器的安装应在管道试压和冲洗合格后进行，水流指示器的规格、型号应符合设计要求。

（2）水流指示器应使电器元件部位竖直安装在水平管道上侧，其动作方向应和水流方向一致；安装后的水流指示器浆片、膜片应动作灵活，不应与管壁发生碰擦。

第5.4.2条 控制阀的规格、型号和安装位置均应符合设计要求；安装方向应正确，控制阀内应清洁、无堵塞、无渗漏；主要控制阀应加设启闭标志；隐蔽处的控制阀应在明显处设有指示其位置的标志。

第5.4.3条 压力开关应竖直安装在通往水力警铃的管道上，且不应在安装中拆装改动。管网上的压力控制装置的安装应符合设计要求。

第5.4.4条 水力警铃应安装在公共通道或值班室附近的外墙上，且应安装检修、测试用的阀门。水力警铃和报警阀的连接应采用热镀锌钢管，当镀锌钢管的公称直径为20mm时，其长度不宜大于20m；安装后的水力警铃启动时，警铃声强度应不小于70dB。

第5.4.5条 末端试水装置和试水阀的安装位置应便于检查、试验，并应有相应排水能力的排水设施。

第5.4.6条 信号阀应安装在水流指示器前的管道上，与水流指示器之间的距离不宜小于300mm。

第5.4.7条 排气阀的安装应在系统管网试压和冲洗合格后进行；排气阀应安装在配水干管顶部、配水管的末端，且应确保无渗漏。

第5.4.8条 节流管和减压孔板的安装应符合设计要求。

第5.4.9条 压力开关、信号阀、水流指示器的引出线应用防水套管锁定。

第5.4.10条 减压阀的安装应符合下列要求：

（1）减压阀安装应在供水管网试压、冲洗合格后进行。

（2）减压阀安装前应进行检查：其规格型号应与设计相符；阀外控制管路及导向阀各连接件不应有松动；外观应无机械损伤，并应清除阀内异物。

（3）减压阀水流方向应与供水管网水流方向一致。

（4）应在进水侧安装过滤器，并宜在其前后安装控制阀。

（5）可调式减压阀宜水平安装，阀盖应向上。

（6）比例式减压阀宜垂直安装；当水平安装时，单呼吸孔减压阀其孔口应向下，双呼吸孔减压阀 其孔口应呈水平位置。

（7）安装自身不带压力表的减压阀时，应在其前后相邻部位安装压力表。

第5.4.11条 多功能水泵控制阀的安装应符合下列要求：

（1）安装应在供水管网试压、冲洗合格后进行。

（2）安装前应进行检查：其规格型号应与设计相符；主阀各部件应完好；紧固件应齐全，无松动；各连接管路应完好，接头紧固；外观应无机械损伤，并应清除阀内异物。

（3）水流方向应与供水管网水流方向一致。

（4）出口安装其他控制阀时应保持一定间距，以便于维修和管理。

（5）宜水平安装，且阀盖向上。

（6）安装自身不带压力表的多功能水泵控制阀时，应在其前后相邻部位安装压力表。

（7）进口端不宜安装柔性接头。

第 5.4.12 条　倒流防止器的安装应符合下列要求：

（1）应在管道冲洗合格以后进行。

（2）不应在倒流防止器的进口前安装过滤器或者使用带过滤器的倒流防止器。

（3）宜安装在水平位置，当竖直安装时，排水口应配备专用弯头。倒流防止器宜安装在便于调试和维护的位置。

（4）倒流防止器两端应分别安装闸阀，而且至少有一端应安装挠性接头。

（5）倒流防止器上的泄水阀不宜反向安装，泄水阀应采取间接排水方式，其排水管不应直接与排水管（沟）连接。

（6）安装完毕后首次启动使用时，应关闭出水闸阀，缓慢打开进水闸阀。待阀腔充满水后，缓慢打开出水闸阀。

2.1.2　《火灾自动报警系统施工及验收标准》GB 50166—2019（节选）

1. 施工一般规定

第 3.1.1 条　系统部件的设置应符合设计文件和现行国家标准《火灾自动报警系统设计规范》GB 50116 的规定。

第 3.1.2 条　有爆炸危险性的场所，系统的布线和部件的安装应符合现行国家标准《电气装置安装工程 爆炸和火灾危险环境电气装置施工及验收规范》GB 50257 的相关规定。

2. 布线

第 3.2.1 条　各类管路明敷时，应采用单独的卡具吊装或支撑物固定，吊杆直径不应小于 6mm。

第 3.2.2 条　各类管路暗敷时，应敷设在不燃结构内，且保护层厚度不应小于 30mm。

第 3.2.3 条　管路经过建筑物的沉降缝、伸缩缝、抗震缝等变形缝处，应采取补偿措施，线缆跨越变形缝的两侧应固定，并应留有适当余量。

第 3.2.4 条　敷设在多尘或潮湿场所管路的管口和管路连接处，均应做密封处理。

第 3.2.5 条　符合下列条件时，管路应在便于接线处装设接线盒：

（1）管路长度每超过 30m 且无弯曲时。

（2）管路长度每超过 20m 且有 1 个弯曲时。

（3）管路长度每超过 10m 且有 2 个弯曲时。

（4）管路长度每超过 8m 且有 3 个弯曲时。

第 3.2.6 条　金属管路入盒外侧应套锁母，内侧应装护口，在吊顶内敷设时，盒的内外侧均应套锁母。塑料管入盒应采取相应固定措施。

第 3.2.7 条　槽盒敷设时，应在下列部位设置吊点或支点，吊杆直径不应小于 6mm：

（1）槽盒始端、终端及接头处。

（2）槽盒转角或分支处。

（3）直线段不大于3m处。

第3.2.8条　槽盒接口应平直、严密，槽盖应齐全、平整、无翘角。并列安装时，槽盖应便于开启。

第3.2.9条　导线的种类、电压等级应符合设计文件和现行国家标准《火灾自动报警系统设计规范》GB 50116 的规定。

第3.2.10条　同一工程中的导线，应根据不同用途选择不同颜色加以区分，相同用途的导线颜色应一致。电源线正极应为红色，负极应为蓝色或黑色。

第3.2.11条　在管内或槽盒内的布线，应在建筑抹灰及地面工程结束后进行，管内或槽盒内不应有积水及杂物。

第3.2.12条　系统应单独布线。除设计要求以外，系统不同回路、不同电压等级和交流与直流的线路，不应布在同一管内或槽盒的同一槽孔内。

第3.2.13条　线缆在管内或槽盒内不应有接头或扭结。导线应在接线盒内采用焊接、压接、接线端子可靠连接。

第3.2.14条　从接线盒、槽盒等处引到探测器底座、控制设备、扬声器的线路，当采用可弯曲金属电气导管保护时，其长度不应大于2m。可弯曲金属电气导管应入盒，盒外侧应套锁母，内侧应装护口。

第3.2.15条　系统的布线除应符合本标准上述规定外，还应符合现行国家标准《建筑电气工程施工质量验收规范》GB 50303 的相关规定。

第3.2.16条　系统导线敷设结束后，应用500V兆欧表测量每个回路导线对地的绝缘电阻，且绝缘电阻值不应小于20MΩ。

3. 系统部件的安装

Ⅰ　控制与显示类设备安装

第3.3.1条　火灾报警控制器、消防联动控制器、火灾显示盘、控制中心监控设备、家用火灾报警控制器、消防电话总机、可燃气体报警控制器、电气火灾监控设备、防火门监控器、消防设备电源监控器、消防控制室图形显示装置、传输设备、消防应急广播控制装置等控制与显示类设备的安装应符合下列规定：

（1）应安装牢固，不应倾斜。

（2）安装在轻质墙上时，应采取加固措施。

（3）落地安装时，其底边宜高出地（楼）面100～200mm。

第3.3.2条　控制与显示类设备的引入线缆应符合下列规定：

（1）配线应整齐，不宜交叉，并应固定牢靠。

（2）线缆芯线的端部均应标明编号，并应与设计文件一致，字迹应清晰且不易褪色。

（3）端子板的每个接线端接线不应超过2根。

（4）线缆应留有不小于200mm的余量。

（5）线缆应绑扎成束。

（6）线缆穿管、槽盒后，应将管口、槽口封堵。

第3.3.3条　控制与显示类设备应与消防电源、备用电源直接连接，不应使用电源插头。主电源应设置明显的永久性标识。

第 3. 3. 4 条　控制与显示类设备的蓄电池需进行现场安装时，应核对蓄电池的规格、型号、容量，并应符合设计文件的规定，蓄电池的安装应满足产品使用说明书的要求。

第 3. 3. 5 条　控制与显示类设备的接地应牢固，并应设置明显的永久性标识。

Ⅱ　探测器安装

第 3. 3. 6 条　点型感烟火灾探测器、点型感温火灾探测器、一氧化碳火灾探测器、点型家用火灾探测器、独立式火灾探测报警器的安装，应符合下列规定：

（1）探测器至墙壁、梁边的水平距离不应小于 0.5m。

（2）探测器周围水平距离 0.5m 内不应有遮挡物。

（3）探测器至空调送风口最近边的水平距离不应小于 1.5m，至多孔送风顶棚孔口的水平距离不应小于 0.5m。

（4）在宽度小于 3m 的内走道顶棚上安装探测器时，宜居中安装，点型感温火灾探测器的安装间距不应超过 10m，点型感烟火灾探测器的安装间距不应超过 15m，探测器至端墙的距离不应大于安装间距的一半。

（5）探测器宜水平安装，当确需倾斜安装时，倾斜角不应大于 45°。

第 3. 3. 7 条　线型光束感烟火灾探测器的安装应符合下列规定：

（1）探测器光束轴线至顶棚的垂直距离宜为 0.3～1.0m，高度大于 12m 的空间场所增设的探测器的安装高度应符合设计文件和现行国家标准《火灾自动报警系统设计规范》GB 50116 的规定。

（2）发射器和接收器（反射式探测器的探测器和反射板）之间的距离不宜超过 100m。

（3）相邻两组探测器光束轴线的水平距离不应大于 14m，探测器光束轴线至侧墙水平距离不应大于 7m，且不应小于 0.5m。

（4）发射器和接收器（反射式探测器的探测器和反射板）应安装在固定结构上，且应安装牢固，确需安装在钢架等容易发生位移形变的结构上时，结构的位移不应影响探测器的正常运行。

（5）发射器和接收器（反射式探测器的探测器和反射板）之间的光路上应无遮挡物。

（6）应保证接收器（反射式探测器的探测器）避开日光和人工光源直接照射。

第 3. 3. 8 条　线型感温火灾探测器的安装应符合下列规定：

（1）敷设在顶棚下方的线型差温火灾探测器至顶棚距离宜为 0.1m，相邻探测器之间的水平距离不宜大于 5m，探测器至墙壁距离宜为 1.0～1.5m。

（2）在电缆桥架、变压器等设备上安装时，宜采用接触式布置，在各种皮带输送装置上敷设时，宜敷设在装置的过热点附近。

（3）探测器敏感部件应采用产品配套的固定装置固定，固定装置的间距不宜大于 2m。

（4）缆式线型感温火灾探测器的敏感部件应采用连续无接头方式安装，如确需中间接线，应采用专用接线盒连接，敏感部件安装敷设时应避免重力挤压冲击，不应硬性折弯、扭转，探测器的弯曲半径宜大于 0.2m。

（5）分布式线型光纤感温火灾探测器的感温光纤不应打结，光纤弯曲时，弯曲半径应大于 50mm，每个光通道配接的感温光纤的始端及末端应各设置不小于 8m 的余量段，感温光纤穿越相邻的报警区域时，两侧应分别设置不小于8m的余量段。

（6）光栅光纤线型感温火灾探测器的信号处理单元安装位置不应受强光直射，光纤光栅感温段的弯曲半径应大于0.3m。

第3.3.9条　管路采样式吸气感烟火灾探测器的安装应符合下列规定：

（1）高灵敏度吸气式感烟火灾探测器当设置为高灵敏度时，可安装在顶棚高度大于16m的场所，并应保证至少有两个采样孔低于16m。

（2）非高灵敏度的吸气式感烟火灾探测器不宜安装在天棚高度大于16m的场所。

（3）采样管应牢固安装在过梁、空间支架等建筑结构上。

（4）在大空间场所安装时，每个采样孔的保护面积、保护半径应满足点型感烟火灾探测器的保护面积、保护半径的要求，当采样管道布置形式为垂直采样时，每2℃温差间隔或3m间隔（取最小者）应设置一个采样孔，采样孔不应背对气流方向。

（5）采样孔的直径应根据采样管的长度及敷设方式、采样孔的数量等因素确定，并应满足设计文件和产品使用说明书的要求，采样孔需要现场加工时，应采用专用打孔工具。

（6）当采样管道采用毛细管布置方式时，毛细管长度不宜超过4m。

（7）采样管和采样孔应设置明显的火灾探测器标识。

第3.3.10条　点型火焰探测器和图像型火灾探测器的安装应符合下列规定：

（1）安装位置应保证其视场角覆盖探测区域，并应避免光源直接照射在探测器的探测窗口。

（2）探测器的探测视角内不应存在遮挡物。

（3）在室外或交通隧道场所安装时，应采取防尘、防水措施。

第3.3.11条　可燃气体探测器的安装应符合下列规定：

（1）安装位置应根据探测气体密度确定，若其密度小于空气密度，探测器应位于可能出现泄漏点的上方或探测气体的最高可能聚集点上方，若其密度大于或等于空气密度，探测器应位于可能出现泄漏点的下方。

（2）在探测器周围应适当留出更换和标定的空间。

（3）线型可燃气体探测器在安装时，应使发射器和接收器的窗口避免日光直射，且在发射器与接收器之间不应有遮挡物，发射器和接收器的距离不宜大于60m，两组探测器之间的轴线距离不应大于14m。

第3.3.12条　电气火灾监控探测器的安装应符合下列规定：

（1）探测器周围应适当留出更换与标定的作业空间。

（2）剩余电流式电气火灾监控探测器负载侧的中性线不应与其他回路共用，且不应重复接地。

（3）测温式电气火灾监控探测器应采用产品配套的固定装置固定在保护对象上。

第3.3.13条　探测器底座的安装应符合下列规定：

（1）应安装牢固，与导线连接应可靠压接或焊接，当采用焊接时，不应使用带腐蚀性的助焊剂。

（2）连接导线应留有不小于150mm的余量，且在其端部应设置明显的永久性标识。

（3）穿线孔宜封堵，安装完毕的探测器底座应采取保护措施。

第3.3.14条　探测器报警确认灯应朝向便于人员观察的主要入口方向。

第 3.3.15 条　探测器在即将调试时方可安装，在调试前应妥善保管并应采取防尘、防潮、防腐蚀措施。

Ⅲ　系统其他部件安装

第 3.3.16 条　手动火灾报警按钮、消火栓按钮、防火卷帘手动控制装置、气体灭火系统手动与自动控制转换装置、气体灭火系统现场启动和停止按钮的安装，应符合下列规定：

（1）手动火灾报警按钮、防火卷帘手动控制装置、气体灭火系统手动与自动控制转换装置、气体灭火系统现场启动和停止按钮应设置在明显和便于操作的部位，其底边距地（楼）面的高度宜为 1.3～1.5m，且应设置明显的永久性标识，消火栓按钮应设置在消火栓箱内，疏散通道上设置的防火卷帘两侧均应设置手动控制装置。

（2）应安装牢固，不应倾斜。

（3）连接导线应留有不小于 150mm 的余量，且在其端部应设置明显的永久性标识。

第 3.3.17 条　模块或模块箱的安装应符合下列规定：

（1）同一报警区域内的模块宜集中安装在金属箱内，不应安装在配电柜、箱或控制柜、箱内。

（2）应独立安装在不燃材料或墙体上，安装牢固，并应采取防潮、防腐蚀等措施。

（3）模块的连接导线应留有不小于 150mm 的余量，其端部应有明显的永久性标识。

（4）模块的终端部件应靠近连接部件安装。

（5）隐蔽安装时在安装处附近应设置检修孔和尺寸不小于 100mm×100mm 的永久性标识。

第 3.3.18 条　消防电话分机和电话插孔的安装应符合下列规定：

（1）宜安装在明显、便于操作的位置，采用壁挂方式安装时，其底边距地（楼）面的高度宜为 1.3～1.5m。

（2）避难层中，消防专用电话分机或电话插孔的安装间距不应大于 20m。

（3）应设置明显的永久性标识。

（4）电话插孔不应设置在消火栓箱内。

第 3.3.19 条　消防应急广播扬声器、火灾警报器、喷洒声光警报器、气体灭火系统手动与自动控制状态显示装置的安装，应符合下列规定：

（1）扬声器和火灾声警报装置宜在报警区域内均匀安装，扬声器在走道内安装时，距走道末端的距离不应大于 12.5m。

（2）火灾警报装置应安装在楼梯口、消防电梯前室、建筑内部拐角等处的明显部位，且不宜与消防应急疏散指示标志灯具安装在同一面墙上，确需安装在同一面墙上时，距离不应小于 1m。

（3）气体灭火系统手动与自动控制状态显示装置应安装在防护区域内的明显部位，喷洒声光警报器应安装在防护区域外，且应安装在出口门的上方。

（4）采用壁挂方式安装时，底边距地面高度应大于 2.2m。

（5）应安装牢固，表面不应有破损。

第 3.3.20 条　消防设备应急电源和备用电源蓄电池的安装，应符合下列规定：

（1）应安装在通风良好的场所，当安装在密封环境中时应有通风措施，电池安装场所的环境温度不应超出电池标称的工作温度范围。

（2）不应安装在火灾爆炸危险场所。

（3）酸性电池不应安装在带有碱性介质的场所，碱性电池不应安装在带有酸性介质的场所。

第3.3.21条　消防设备电源监控系统传感器的安装应符合下列规定：

（1）传感器与裸带电导体应保证安全距离，金属外壳的传感器应有保护接地。

（2）传感器应独立支撑或固定，应安装牢固，并应采取防潮、防腐蚀等措施。

（3）传感器输出回路的连接线应采用截面积不小于 $1.0mm^2$ 的双绞铜芯导线，并应留有不小于 150mm 的余量，其端部应设置明显的永久性标识。

（4）传感器的安装不应破坏被监控线路的完整性，不应增加线路接点。

第3.3.22条　防火门监控模块与电动闭门器、释放器、门磁开关等现场部件的安装应符合下列规定：

（1）防火门监控模块至电动闭门器、释放器、门磁开关等现场部件之间连接线的长度不应大于 3m。

（2）防火门监控模块、电动闭门器、释放器、门磁开关等现场部件应安装牢固。

（3）门磁开关的安装不应破坏门扇与门框之间的密闭性。

第3.3.23条　消防电气控制装置的安装应符合下列规定：

（1）消防电气控制装置在安装前应进行功能检查，检查结果不合格的装置不应安装。

（2）消防电气控制装置外接导线的端部应设置明显的永久性标识。

（3）消防电气控制装置应安装牢固，不应倾斜，安装在轻质墙体上时应采取加固措施。

4. 系统接地

第3.4.1条　系统接地及专用接地线的安装应满足设计要求。

第3.4.2条　交流供电和 36V 以上直流供电的消防用电设备的金属外壳应有接地保护，其接地线应与电气保护接地干线（PE）相连接。

2.1.3　《建筑节能工程施工质量验收标准》GB 50411—2019（节选）

1. 供暖节能工程

第9.1.2条　供暖节能工程施工中应及时进行质量检查，对隐蔽部位在隐蔽前进行验收，并应有详细的文字记录和必要的图像资料，施工完成后应进行供暖节能分项工程验收。

第9.1.3条　供暖节能工程验收的检验批划分可按本标准第3.4.1条的规定执行，也可按系统或楼层，由施工单位与监理单位协商确定。

第9.2.1条　供暖节能工程使用的散热设备、热计量装置、温度调控装置、自控阀门、仪表、保温材料等产品应进行进场验收，验收结果应经监理工程师检查认可，且应形成相应的验收记录。各种材料和设备的质量证明文件与相关技术资料应齐全，并应符合设计要求和国家现行有关标准的规定。

第9.2.2条　供暖节能工程使用的散热器和保温材料进场时，应对其下列性能进行复验，复验应为见证取样检验：

（1）散热器的单位散热量、金属热强度。

（2）保温材料的导热系数或热阻、密度、吸水率。

第9.2.3条 供暖系统安装的温度调控装置和热计量装置，应满足设计要求的分室（户或区）温度调控、楼栋热计量和分户（区）热计量功能。

第9.2.4条 室内供暖系统的安装应符合下列规定：

（1）供暖系统的形式应符合设计要求。

（2）散热设备、阀门、过滤器、温度、流量、压力等测量仪表应按设计要求安装齐全，不得随意增减或更换。

（3）水力平衡装置、热计量装置、室内温度调控装置的安装位置和方向应符合设计要求，并便于数据读取、操作、调试和维护。

第9.2.5条 散热器及其安装应符合下列规定：

（1）每组散热器的规格、数量及安装方式应符合设计要求。

（2）散热器外表面应刷非金属性涂料。

第9.2.6条 散热器恒温阀及其安装应符合下列规定：

（1）恒温阀的规格、数量应符合设计要求。

（2）明装散热器恒温阀不应安装在狭小和封闭空间，其恒温阀阀头应水平安装并远离发热体，且不应被散热器、窗帘或其他障碍物遮挡。

（3）暗装散热器恒温阀的外置式温度传感器，应安装在空气流通且能正确反映房间温度的位置上。

第9.2.7条 低温热水地面辐射供暖系统的安装，除应符合本标准第9.2.4条的规定外，尚应符合下列规定：

（1）防潮层和绝热层的做法及绝热层的厚度应符合设计要求。

（2）室内温度调控装置的安装位置和方向应符合设计要求，并便于观察、操作和调试。

（3）室内温度调控装置的温度传感器宜安装在距地面1.4m的内墙上或与照明开关在同一高度上，且避开阳光直射和发热设备。

第9.2.8条 供暖系统热力入口装置的安装应符合下列规定：

（1）热力入口装置中各种部件的规格、数量应符合设计要求。

（2）热计量表、过滤器、压力表、温度计的安装位置及方向应正确，并便于观察、维护。

（3）水力平衡装置及各类阀门的安装位置、方向应正确，并便于操作和调试。

第9.2.9条 供暖管道保温层和防潮层的施工应符合下列规定：

（1）保温材料的燃烧性能、材质及厚度等应符合设计要求。

（2）保温管壳的捆扎、粘贴应牢固，铺设应平整。硬质或半硬质的保温管壳每节至少应采用防腐金属丝、耐腐蚀织带或专用胶带捆扎2道，其间距为300～350mm，且捆扎应紧密，无滑动、松弛及断裂现象。

（3）硬质或半硬质保温管壳的拼接缝隙不应大于5mm，并应用粘结材料勾缝填满；纵缝应错开，外层的水平接缝应设在侧下方。

（4）松散或软质保温材料应按规定的密度压缩其体积，疏密应均匀，搭接处不应有空隙。

（5）防潮层应紧密粘贴在保温层上，封闭良好，不得有虚粘、气泡、褶皱、裂缝等缺陷；防潮层外表面搭接应顺水。

（6）立管的防潮层应由管道的低端向高端敷设，环向搭接缝应朝向低端；纵向搭接缝应位于管道的侧面，并顺水。

（7）卷材防潮层采用螺旋形缠绕的方式施工时，卷材的搭接宽度宜为 30～50mm。

（8）阀门及法兰部位的保温应严密，且能单独拆卸并不得影响其操作功能。

第 9.2.10 条　供暖系统安装完毕后，应在供暖期内与热源进行联合试运转和调试，试运转和调试结果应符合设计要求。

第 9.3.1 条　供暖系统阀门、过滤器等配件的保温层应密实、无空隙，且不得影响其操作功能。

2. 通风与空调节能工程

第 10.1.2 条　通风与空调节能工程施工中应及时进行质量检查，对隐蔽部位在隐蔽前进行验收，并应有详细的文字记录和必要的图像资料，施工完成后应进行通风与空调系统节能分项工程验收。

第 10.1.3 条　通风与空调节能工程验收的检验批划分可按本标准第 3.4.1 条的规定执行，也可按系统或楼层，由施工单位与监理单位协商确定。

第 10.2.1 条　通风与空调节能工程使用的设备、管道、自控阀门、仪表、绝热材料等产品应进行进场验收，并应对下列产品的技术性能参数和功能进行核查。验收与核查的结果应经监理工程师检查认可，且应形成相应的验收记录。各种材料和设备的质量证明文件与相关技术资料应齐全，并应符合设计要求和国家现行有关标准的规定。

（1）组合式空调机组、柜式空调机组、新风机组、单元式空调机组及多联机空调系统室内机等设备的供冷量、供热量、风量、风压、噪声及功率，风机盘管的供冷量、供热量、风量、出口静压、噪声及功率。

（2）风机的风量、风压、功率、效率。

（3）空气能量回收装置的风量、静压损失、出口全压及输入功率；装置内部或外部漏风率、有效换气率、交换效率、噪声。

（4）阀门与仪表的类型、规格、材质及公称压力；

（5）成品风管的规格、材质及厚度。

（6）绝热材料的导热系数、密度、厚度、吸水率。

第 10.2.2 条　通风与空调节能工程使用的风机盘管机组和绝热材料进场时，应对其下列性能进行复验，复验应为见证取样检验。

（1）风机盘管机组的供冷量、供热量、风量、水阻力、功率及噪声。

（2）绝热材料的导热系数或热阻、密度、吸水率。

第 10.2.3 条　通风与空调节能工程中的送、排风系统及空调风系统、空调水系统的安装，应符合下列规定：

（1）各系统的形式应符合设计要求。

（2）设备、阀门、过滤器、温度计及仪表应按设计要求安装齐全，不得随意增减或更换。

（3）水系统各分支管路水力平衡装置、温度控制装置的安装位置、方向应符合设计要求，并便于数据读取、操作、调试和维护。

（4）空调系统应满足设计要求的分室（区）温度调控和冷、热计量功能。

第 10.2.4 条　风管的安装应符合下列规定：

（1）风管的材质、断面尺寸及壁厚应符合设计要求。

（2）风管与部件、建筑风道及风管间的连接应严密、牢固。

（3）风管的严密性检验结果应符合设计和国家现行标准的有关要求。

（4）需要绝热的风管与金属支架的接触处，需要绝热的复合材料风管及非金属风管的连接处和内部支撑加固处等，应有防热桥的措施，并应符合设计要求。

第 10.2.5 条　组合式空调机组、柜式空调机组、新风机组、单元式空调机组的安装应符合下列规定：

（1）规格、数量应符合设计要求。

（2）安装位置和方向应正确，且与风管、送风静压箱、回风箱、阀门的连接应严密可靠。

（3）现场组装的组合式空调机组各功能段之间连接应严密，其漏风量应符合现行国家标准《组合式空调机组》GB/T 14294 的有关要求。

（4）机组内的空气热交换器翅片和空气过滤器应清洁、完好，且安装位置和方向正确，以便于维护和清理。

第 10.2.6 条　带热回收功能的双向换气装置和集中排风系统中的能量回收装置的安装应符合下列规定：

（1）规格、数量及安装位置应符合设计要求。

（2）进、排风管的连接应正确、严密、可靠。

（3）室外进、排风口的安装位置、高度及水平距离应符合设计要求。

第 10.2.7 条　空调机组、新风机组及风机盘管机组水系统自控阀门与仪表的安装应符合下列规定：

（1）规格、数量应符合设计要求。

（2）方向应正确，位置应便于读取数据、操作、调试和维护。

第 10.2.8 条　空调风管系统及部件的绝热层和防潮层施工应符合下列规定：

（1）绝热材料的燃烧性能、材质、规格及厚度等应符合设计要求。

（2）绝热层与风管、部件及设备应紧密贴合，无裂缝、空隙等缺陷，且纵、横向的接缝应错开。

（3）绝热层表面应平整，当采用卷材或板材时，其厚度允许偏差为 5mm；采用涂抹或其他方式时，其厚度允许偏差为 10mm。

（4）风管法兰部位绝热层的厚度，不应低于风管绝热层厚度的 80%。

（5）风管穿楼板和穿墙处的绝热层应连续不间断。

（6）防潮层（包括绝热层的端部）应完整，且封闭良好，其搭接缝应顺水。

（7）带有防潮层隔气层绝热材料的拼缝处，应用胶带封严，粘胶带的宽度不应小于 50mm。

（8）风管系统阀门等部件的绝热，不得影响其操作功能。

第 10.2.9 条 空调水系统管道、制冷剂管道及配件绝热层和防潮层的施工，应符合下列规定：

（1）绝热材料的燃烧性能、材质、规格及厚度等应符合设计要求。

（2）绝热管壳的捆扎、粘贴应牢固，铺设应平整。硬质或半硬质的绝热管壳每节至少应用防腐金属丝、耐腐蚀织带或专用胶带捆 2 道，其间距为 300～350mm，且捆扎应紧密，无滑动、松弛及断裂现象。

（3）硬质或半硬质绝热管壳的拼接缝隙，保温时不应大于 5mm、保冷时不应大于 2mm，并用粘结材料勾缝填满；纵缝应错开，外层的水平接缝应设在侧下方。

（4）松散或软质保温材料应按规定的密度压缩其体积，疏密应均匀，搭接处不应有空隙。

（5）防潮层与绝热层应结合紧密，封闭良好，不得有虚粘、气泡、褶皱、裂缝等缺陷。

（6）立管的防潮层应由管道的低端向高端敷设，环向搭接缝应朝向低端；纵向搭接缝应位于管道的侧面，并顺水。

（7）卷材防潮层采用螺旋形缠绕的方式施工时，卷材的搭接宽度宜为 30～50mm。

（8）空调冷热水管穿楼板和穿墙处的绝热层应连续不间断，且绝热层与穿楼板和穿墙处的套管之间应用不燃材料填实，不得有空隙；套管两端应进行密封封堵。

（9）管道阀门、过滤器及法兰部位的绝热应严密，并能单独拆卸，且不得影响其操作功能。

第 10.2.10 条 空调冷热水管道及制冷剂管道与支、吊架之间应设置绝热衬垫，其厚度不应小于绝热层厚度，宽度应大于支、吊架支承面的宽度。衬垫的表面应平整，衬垫与绝热材料之间应填实无空隙。

第 10.2.11 条 通风与空调系统安装完毕，应进行通风机和空调机组等设备的单机试运转和调试，并应进行系统的风量平衡调试，单机试运转和调试结果应符合设计要求；系统的总风量与设计风量的允许偏差不应大于 10%，风口的风量与设计风量的允许偏差不应大于 15%。

第 10.2.12 条 多联机空调系统安装完毕后，应进行系统的试运转与调试，并应在工程验收前进行系统运行效果检验，检验结果应符合设计要求。

第 10.3.1 条 空气风幕机的规格、数量、安装位置和方向应正确，垂直度和水平度的偏差均不应大于 2/1000。

第 10.3.2 条 变风量末端装置与风管连接前应做动作试验，确认运行正常后再进行管道连接。

3. 空调与供暖系统冷热源及管网节能工程

第 11.1.2 条 空调与供暖系统冷热源和辅助设备及其管道和室外管网系统施工中应及时进行质量检查，对隐蔽部位在隐蔽前进行验收，并应有详细的文字记录和必要的图像资料，施工完成后应进行空调与供暖系统冷热源及管网节能分项工程验收。

第 11.1.3 条 空调与供暖系统冷热源设备、辅助设备及其管道和管网系统节能工程的验收，可按冷源系统、热源系统和室外管网进行检验批划分，也可由施工单位与监理单位协商确定。

第 11.2.1 条　空调与供暖系统使用的冷热源设备及其辅助设备、自控阀门、仪表、绝热材料等产品应进行进场验收，并应对下列产品的技术性能参数和功能进行核查。验收与核查的结果应经监理工程师检查认可，且应形成相应的验收记录。各种材料和设备的质量证明文件与相关技术资料应齐全，并应符合设计要求和国家现行有关标准的规定。

（1）锅炉的单台容量及名义工况下的热效率。

（2）热交换器的单台换热量。

（3）电驱动压缩机蒸汽压缩循环冷水（热泵）机组的额定制冷（热）量、输入功率、性能系数（COP）、综合部分负荷性能系数（$IPLV$）限值。

（4）电驱动压缩机单元式空气调节机组、风管送风式和屋顶式空气调节机组的名义制冷量、输入功率及能效比（EER）。

（5）多联机空调系统室外机的额定制冷（热）量、输入功率及制冷综合性能系数 $[IPLV(C)]$。

（6）蒸汽和热水型溴化锂吸收式冷水机组及直燃型溴化锂吸收式冷（温）水机组的名义制冷量、供热量、输入功率及性能系数。

（7）供暖热水循环水泵、空调冷（热）水循环水泵、空调冷却水循环水泵等的流量、扬程、电机功率及效率。

（8）冷却塔的流量及电机功率。

（9）自控阀门与仪表的类型、规格、材质及公称压力。

（10）管道的规格、材质、公称压力及适用温度。

（11）绝热材料的导热系数、密度、厚度、吸水率。

　　第 11.2.2 条　空调与供暖系统冷热源及管网节能工程的预制绝热管道、绝热材料进场时，应对绝热材料的导热系数或热阻、密度、吸水率等性能进行复验，复验应为见证取样检验。

第 11.2.3 条　空调与供暖系统冷热源设备和辅助设备及其管网系统的安装，应符合下列规定：

（1）管道系统的形式应符合设计要求。

（2）设备、自控阀门与仪表，应按设计要求安装齐全，不得随意增减或更换。

（3）空调冷（热）水系统，应能实现设计要求的变流量或定流量运行。

（4）供热系统应能根据热负荷及室外温度变化，实现设计要求的集中质调节、量调节或质—量调节相结合的运行。

第 11.2.4 条　冷热源侧的电动调节阀、水力平衡阀、冷（热）量计量装置、供热量自动控制装置等自控阀门与仪表的安装，应符合下列规定：

（1）类型、规格、数量应符合设计要求。

（2）方向应正确，位置便于数据读取、操作、调试和维护。

第 11.2.5 条　锅炉、热交换器、电驱动压缩机蒸汽压缩循环冷水（热泵）机组、蒸汽或热水型溴化锂吸收式冷水机组及直燃型溴化锂吸收式冷（温）水机组等设备的安装，应符合下列规定：

（1）类型、规格、数量应符合设计要求。

（2）安装位置及管道连接应正确。

第 11.2.6 条 冷却塔、水泵等辅助设备的安装应符合下列规定：

（1）类型、规格、数量应符合设计要求。

（2）冷却塔设置位置应通风良好，并应远离厨房排风等高温气体。

（3）管道连接应正确。

第 11.2.7 条 多联机空调系统室外机的安装位置应符合设计要求，进排风应通畅，并便于检查和维护。

第 11.2.8 条 空调水系统管道、制冷剂管道及配件绝热层和防潮层的验收，应按本标准第 10.2.9 条的规定执行。

第 11.2.9 条 冷热源机房、换热站内部空调冷热水管道与支、吊架之间绝热衬垫的验收，应按本标准第 10.2.10 条执行。

第 11.2.10 条 空调与供暖系统冷热源和辅助设备及其管道和管网系统安装完毕后，应按下列规定进行系统的试运转与调试：

（1）冷热源和辅助设备应进行单机试运转与调试。

（2）冷热源和辅助设备应同建筑物室内空调或供暖系统进行联合试运转与调试。

第 11.3.1 条 空调与供暖系统的冷热源设备及其辅助设备、配件的绝热，不得影响其操作功能。

4. 配电与照明节能工程

第 12.1.2 条 配电与照明系统施工中应及时进行质量检查，对隐蔽部位在隐蔽前进行验收，并应有详细的文字记录和必要的图像资料，施工完成后应进行配电与照明节能分项工程验收。

第 12.1.3 条 配电与照明节能工程验收可按本标准第 3.4.1 条的规定进行检验批划分，也可按照系统、楼层、建筑分区，由施工单位与监理单位协商确定。

第 12.2.1 条 配电与照明节能工程使用的配电设备、电线电缆、照明光源、灯具及其附属装置等产品应进行进场验收，验收结果应经监理工程师检查认可，且应形成相应的验收记录。各种材料和设备的质量证明文件与相关技术资料应齐全，并应符合设计要求和国家现行有关标准的规定。

第 12.2.2 条 配电与照明节能工程使用的照明光源、照明灯具及其附属装置等进场时，应对其下列性能进行复验，复验应为见证取样检验：

（1）照明光源初始光效。

（2）照明灯具镇流器能效值。

（3）照明灯具效率。

（4）照明设备功率、功率因数和谐波含量值。

第 12.2.3 条 低压配电系统使用的电线、电缆进场时，应对其导体电阻值进行复验，复验应为见证取样检验。

第 12.2.4 条 工程安装完成后应对配电系统进行调试，调试合格后应对低压配电系统以下技术参数进行检测，其检测结果应符合下列规定：

（1）用电单位受电端电压允许偏差：三相 380V 供电为标称电压的 $\pm 7\%$；单相 220V

供电为标称电压的－10％～＋7％。

（2）正常运行情况下用电设备端子处额定电压的允许偏差：室内照明为±5％，一般用途电动机为±5％、电梯电动机为±7％，其他无特殊规定设备为±5％。

（3）10kV 及以下配电变压器低压侧，功率因数不低于 0.9。

（4）380V 的电网标称电压谐波限值：电压谐波总畸变率（$THDu$）为 5％，奇次（1～25 次）谐波含有率为 4％，偶次（2～24 次）谐波含有率为 2％。

（5）谐波电流不应超过表 2-19 中规定的允许值。

谐波电流允许值　　　　　　　　　　　　　　表 2-19

标准电压（kV）	基准短路容量（MVA）	谐波次数及谐波电流允许值											
0.38	10	谐波次数	2	3	4	5	6	7	8	9	10	11	12	13
		谐波电流允许值（A）	78	62	39	62	26	44	19	21	16	28	13	24
		谐波次数	14	15	16	17	18	19	20	21	22	23	24	25
		谐波电流允许值（A）	11	12	9.7	18	8.6	16	7.8	8.9	7.1	14	6.5	12

第 12.2.5 条　照明系统安装完成后应通电试运行，其测试参数和计算值应符合下列规定：

（1）照度值允许偏差为设计值的±10％。

（2）功率密度值不应大于设计值，当典型功能区域照度值高于或低于其设计值时，功率密度值可按比例同时提高或降低。

第 12.3.1 条　配电系统选择的导体截面不得低于设计值。

第 12.3.2 条　母线与母线或母线与电器接线端子，当采用螺栓搭接连接时应牢固可靠。

第 12.3.3 条　交流单芯电缆或分相后的每相电缆宜品字形（三叶形）敷设，且不得形成闭合铁磁回路。

第 12.3.4 条　三相照明配电干线的各相负荷宜分配平衡，其最大相负荷不宜超过三相负荷平均值的 115％，最小相负荷不宜小于三相负荷平均值的 85％。

5. 监测与控制节能工程

第 13.1.2 条　监测与控制节能工程施工中应及时进行质量检查，对隐蔽部位在隐蔽前进行验收，并应有详细的文字记录和必要的图像资料。

第 13.1.3 条　监测与控制节能工程安装完成后应进行系统试运行，并对安装质量、监控功能、能源计量及建筑能源管理等进行检查和系统检测，并应进行监测与控制节能分项工程验收。

第 13.1.4 条　监测与控制节能工程验收可按本标准第 3.4.1 条的规定进行检验批划分，也可按照系统、楼层、建筑分区，由施工单位与监理单位协商确定。

第 13.2.1 条　监测与控制节能工程使用的设备、材料应进行进场验收，验收结果应经监理工程师检查认可，并应形成相应的验收记录。各种材料和设备的质量证明文件和相关技术资料应齐全，并应符合设计要求和国家现行有关标准的规定。并应对下列主要产品的技术性能参数和功能进行核查：

（1）系统集成软件的功能及系统接口兼容性。

（2）自动控制阀门和执行机构的设计计算书；控制器、执行器、变频设备以及阀门等设备的规格参数。

（3）变风量（VAV）末端控制器的自动控制和运算功能。

第13.2.2条 监测与控制节能工程的传感器、执行机构，其安装位置、方式应符合设计要求；预留的检测孔位置正确，管道保温时应做明显标识；监测计量装置的测量数据应准确并符合设计要求。

第13.2.3条 监测与控制节能工程的系统集成软件安装并完成系统地址配置后，在软件加载到现场控制器前，应对中央控制站软件功能进行逐项测试，测试结果应符合设计文件要求。测试项目包括：系统集成功能、数据采集功能、报警连锁控制、设备运行状态显示、远动控制功能、程序参数下载、瞬间保护功能、紧急事故运行模式切换、历史数据处理等。

第13.2.4条 监测与控制系统和供暖通风与空调系统应同步进行试运行与调试，系统稳定后，进行不少于120h的连续运行，系统控制及故障报警功能应符合设计要求。当不具备条件时，应以模拟方式进行系统试运行与调试。

第13.2.5条 能耗监测计量装置宜具备数据远传功能和能耗核算功能，其设置应符合下列规定：

（1）按分区、分类、分系统、分项进行设置和监测。

（2）对主要能耗系统、大型设备的耗能量（含燃料、水、电、汽）、输出冷（热）量等参数进行监测。

（3）利用互联网、物联网、云计算及大数据等创新技术构建的新型建筑节能平台，具备建筑节能管理功能。

第13.2.6条 冷热源的水系统当采取变频调节控制方式时，机组、水泵在低频率工况下，水系统应能正常运行。

第13.2.7条 供配电系统的监测与数据采集应符合设计要求。

第13.2.8条 照明自动控制系统的功能应符合设计要求，当设计无要求时，应符合下列规定：

（1）大型公共建筑的公用照明区应采用集中控制，按照建筑使用条件、自然采光状况和实际需要，采取分区、分组及调光或降低照度的节能控制措施。

（2）宾馆的每间（套）客房应设置总电源节能控制开关。

（3）有自然采光的楼梯间、廊道的一般照明，应采用按照度或时间表开关的节能控制方式。

（4）当房间或场所设有两列或多列灯具时，应采取下列控制方式：

1）所控灯列应与侧窗平行。

2）电教室、会议室、多功能厅、报告厅等场所，应按靠近或远离讲台方式进行分组。

3）大空间场所应间隔控制或调光控制。

第13.2.9条 自动扶梯无人乘行时，应自动停止运行。

第13.2.10条 建筑能源管理系统的能耗数据采集与分析功能、设备管理和运行管理功能、优化能源调度功能、数据集成功能应符合设计要求。

第 13.2.11 条　建筑能源系统的协调控制及供暖、通风与空调系统的优化监控等节能控制系统应满足设计要求。

第 13.2.12 条　监测与控制节能工程应对下列可再生能源系统参数进行监测：

（1）地源热泵系统：室外温度、典型房间室内温度、系统热源侧与用户侧进出水温度和流量、机组热源侧与用户侧进出水温度和流量、热泵系统耗电量。

（2）太阳能热水供暖系统：室外温度、典型房间室内温度、辅助热源耗电量、集热系统进出口水温、集热系统循环水流量、太阳总辐射量。

（3）太阳能光伏系统：室外温度、太阳总辐射量、光伏组件背板表面温度、发电量。

第 13.3.1 条　应对监测与控制系统的可靠性、实时性、可操作性、可维护性等系统性能进行检测，并应符合下列规定：

（1）执行器动作应与控制系统的指令一致。

（2）控制系统的采样速度、操作响应时间、报警反应速度。

（3）冗余设备的故障检测、切换时间和切换功能。

（4）应用软件的在线编程（组态）、参数修改、下载功能，设备及网络故障自检测功能。

（5）故障检测与诊断系统的报警和显示功能。

（6）被控设备的顺序控制和连锁功能。

（7）自动控制、远程控制、现场控制模式下的命令冲突检测功能。

（8）人机界面可视化功能。

6. 地源热泵换热系统节能工程

第 14.1.2 条　地源热泵换热系统施工中应及时进行质量检查，对隐蔽部位在隐蔽前进行验收，并应有详细的文字记录和必要的图像资料，施工完成后应进行地源热泵换热系统节能分项工程验收。

第 14.1.3 条　地源热泵换热系统节能工程的验收，可按本标准第 3.4.1 条进行检验批划分，也可按照不同系统、不同地热能交换形式，由施工单位与监理单位协商确定。

第 14.1.4 条　地源热泵换热系统热源井、输水管网的施工及验收应符合现行国家标准《管井技术规范》GB 50296、《给水排水管道工程施工及验收规范》GB 50268 的规定。

第 14.2.1 条　地源热泵换热系统节能工程使用的管材、管件、水泵、自控阀门、仪表、绝热材料等产品应进行进场验收，进场验收的结果应经监理工程师检查认可，并应形成相应的验收记录。各种材料和设备的质量证明文件与相关技术资料应齐全，并应符合设计要求和国家现行有关标准的规定。

第 14.2.2 条　地源热泵地埋管换热系统方案设计前，应由有资质的第三方检验机构在建设项目地点进行岩土热响应试验，并应符合下列规定：

（1）地源热泵系统的应用建筑面积小于 5000m² 时，测试孔不应少于 1 个。

（2）地源热泵系统的应用建筑面积大于或等于 5000m² 时，测试孔不应少于 2 个。

第 14.2.3 条　地源热泵地埋管换热系统的安装应符合下列规定：

（1）竖直钻孔的位置、间距、深度、数量应符合设计要求。

（2）埋管的位置、间距、深度、长度以及管材的材质、管径、厚度，应符合设计要求。

（3）回填料及配比应符合设计要求，回填应密实。

（4）地埋管换热系统应进行水压试验，并应合格。

第14.2.4条　地源热泵地埋管换热系统管道的连接应符合下列规定：

（1）埋地管道与环路集管连接应采用热熔或电熔连接，连接应严密、牢固。

（2）竖直地埋管换热器的 U 形弯管接头应选用定型产品。

（3）竖直地埋管换热器 U 形管的组对，应能满足插入钻孔后与环路集管连接的要求，组对好的 U 形管的开口端部应及时密封保护。

第14.2.5条　地源热泵地下水换热系统的施工应符合下列规定：

（1）施工前应具备热源井及周围区域的工程地质勘查资料、设计文件、施工图纸和专项施工方案。

（2）热源井的数量、井位分布及取水层位应符合设计要求。

（3）井身结构、井管配置、填砾位置、滤料规格、止水材料及抽灌设备选用均应符合设计要求。

（4）热源井应进行抽水试验和回灌试验并应单独验收，其持续出水量和回灌量应稳定，并应满足设计要求；抽水试验结束前应在抽水设备的出口处采集水样进行水质和含砂量的测定，水质和含砂量应满足系统设备的使用要求。

（5）地下水换热系统验收后，施工单位应提交热源成井报告。报告应包括文字说明，热源井的井位图和管井综合柱状图，洗井、抽水和回灌试验、水质和含砂量检验及管井验收资料。

第14.2.6条　地源热泵地表水换热系统的施工应符合下列规定：

（1）施工前应具备地表水换热系统所用水源的水质、水温、水量的测试报告等勘察资料。

（2）地表水塑料换热盘管的长度和布置方式及管沟设置，换热器与过滤器及防堵塞等设备的安装，均应符合设计要求。

（3）海水取水口与排水口设置应符合设计要求，并应保证取水防护外网的布置不影响该区域的海洋景观或船舶航运；与海水接触的设备、部件及管道应具有防腐、防生物附着的能力。

（4）地表水换热系统应进行水压试验，并应合格。

第14.2.7条　地源热泵换热系统交付使用前的整体运转、调试应符合设计要求。

第14.2.8条　地源热泵系统整体验收前，应进行冬、夏两季运行测试，并对地源热泵系统的实测性能作出评价。

第14.3.1条　地埋管换热系统在安装前后均应对管路进行冲洗，并应符合下列规定：

（1）竖直埋管插入钻孔后，应进行管道冲洗。

（2）环路水平地埋管连接完成，在与分、集水器连接之前，应进行管道二次冲洗。

（3）环路水平管道与分、集水器连接完成后，地源热泵换热系统应进行第三次管道冲洗。

第14.3.2条　地源热泵换热系统热源水井均应具备连续抽水和回灌的功能。

7. 太阳能光热系统节能工程

第 15.1.2 条 太阳能光热系统节能工程施工中及时进行质量检查，应对隐蔽部位在隐蔽前进行验收，并应有详细的文字记录和必要的图像资料，施工完成后应进行太阳能光热系统节能分项工程验收。

第 15.1.3 条 太阳能光热系统节能工程的验收，可按本标准第 3.4.1 条进行检验批划分，也可按照系统形式、楼层，由施工单位与监理单位协商确定。

第 15.2.1 条 太阳能光热系统节能工程所采用的管材、设备、阀门、仪表、保温材料等产品应进行进场验收，验收结果应经监理工程师检查认可，并应形成相应的验收记录。各种材料和设备的质量证明文件与相关技术资料应齐全，并应符合设计要求和国家现行有关标准的规定。

第 15.2.2 条 太阳能光热系统节能工程采用的集热设备、保温材料进场时，应对其下列性能进行复验，复验应为见证取样检验：
（1）集热设备的热性能。
（2）保温材料的导热系数或热阻、密度、吸水率。

第 15.2.3 条 太阳能光热系统的安装应符合下列规定：
（1）太阳能光热系统的形式应符合设计要求。
（2）集热器、吸收式制冷机组、吸收式热泵机组、吸附式制冷机组、换热装置、贮热设备、水泵、阀门、过滤器、温度计及传感器等设备设施仪表应按设计要求安装齐全，不得随意增减和更换。
（3）各类设备、阀门及仪表的安装位置、方向应正确，并便于读取数据、操作、调试和维护。
（4）供回水（或高温导热介质）管道的敷设坡度应符合设计要求。
（5）集热系统所有设备的基座与建筑主体结构的连接应牢固。
（6）太阳能光热系统的管道安装完成后应进行水压试验，并应合格。
（7）聚焦型太阳能光热系统的高温部分（导热介质系统管道及附件）安装完成后，应进行压力试验和管道吹扫。

第 15.2.4 条 集热器设备安装应符合下列规定：
（1）集热设备的规格、数量、安装方式、倾角及定位应符合设计要求。平板和真空管型集热器的安装倾角和定位允许误差不超过±3°；聚焦型光热系统太阳能收集装置在焦线或焦点上，焦线或焦点允许偏差不超过±2mm。
（2）集热设备、支架、基座三者之间的连接必须牢固，支架应采取抗风、抗震、防雷、防腐措施，并与建筑物接地系统可靠连接。
（3）集热设备连接波纹管安装不得有凸起现象。

第 15.2.5 条 贮热设备安装及检验应满足下列规定：
（1）贮热设备的材质、规格、热损因数、保温材料及其性能应符合设计要求。
（2）贮热设备应与底座固定牢固。
（3）贮热设备应选择耐腐蚀材料制作；内壁防腐应满足卫生、无毒、环保要求，且应能承受所储存介质的最高温度和压力。
（4）敞口设备的满水试验和密闭设备的水压试验应符合设计要求。

第15.2.6条 太阳能光热系统辅助加热设备为电直接加热器时，接地保护必须可靠固定，并应加装防漏电、防干烧等保护装置。

第15.2.7条 管道保温层和防潮层的施工应按本标准第9.2.9条执行。

第15.2.8条 太阳能光热系统安装完毕后，应进行系统试运转和调试，并应连续运行72h，设备及主要部件的联动应协调、动作准确，无异常现象。

第15.2.9条 在建筑上增设太阳能光热系统时，系统设计应满足建筑结构及其他相应的安全性能要求，并不得降低相邻建筑的日照标准。

第15.3.1条 太阳能光热系统过滤器等配件的保温层应密实、无空隙，且不得影响其操作功能。

第15.3.2条 太阳能集中热水供应系统热水循环管的安装，应保证干管和立管中的热水循环正常。

第15.3.3条 太阳能光热系统在建筑中的安装，应符合太阳能建筑一体化设计要求。

8. 太阳能光伏节能工程

第16.1.2条 太阳能光伏系统节能工程施工中及时进行质量检查，应对隐蔽部位在隐蔽前进行验收，并应有详细的文字记录和必要的图像资料，施工完成后应进行太阳能光伏节能分项工程验收。

第16.1.3条 太阳能光伏系统建筑节能工程的验收，可按本标准第3.4.1条的规定进行检验批划分；也可按照系统，由施工单位与监理单位协商确定。

第16.2.1条 太阳能光伏系统建筑节能工程所采用的光伏组件、汇流箱、电缆、逆变器、充放电控制器、储能蓄电池、电网接入单元、主控和监视系统、触电保护和接地、配电设备及配件等产品应进行进场验收，验收结果应经监理工程师检查认可，并应形成相应的验收记录。各种材料和设备的质量证明文件和相关技术资料应齐全，并应符合设计要求和国家现行有关标准的规定。

第16.2.2条 太阳能光伏系统的安装应符合下列规定：

（1）太阳能光伏组件的安装位置、方向、倾角、支撑结构等，应符合设计要求；

（2）光伏组件、汇流箱、电缆、逆变器、充放电控制器、储能蓄电池、电网接入单元、主控和监视系统、触电保护和接地、配电设备及配件等应按照设计要求安装齐全，不得随意增减、合并和替换。

（3）配电设备和控制设备安装位置等应符合设计要求，并便于读取数据、操作、调试和维护；逆变器应有足够的散热空间并保证良好的通风。

（4）电气设备的外观、结构、标识和安全性应符合设计要求。

第16.2.3条 太阳能光伏系统的试运行与调试应包括下列内容：

（1）保护装置和等电位体的连接匹配性。

（2）极性。

（3）光伏组串电流。

（4）系统主要电气设备功能。

（5）光伏方阵绝缘阻值。

（6）触电保护和接地。

（7）光伏方阵标称功率。

（8）电能质量。

第 16.2.4 条　光伏组件的光电转换效率应符合设计文件的规定。

第 16.2.5 条　太阳能光伏系统安装完成经调试后，应具有下列功能，并符合设计要求：

（1）测量显示功能。

（2）数据存储与传输功能。

（3）交（直）流配电设备保护功能。

第 16.2.6 条　在建筑上增设太阳能光伏发电系统时，系统设计应满足建筑结构及其他相应的安全性能要求，并不得降低相邻建筑的日照标准。

第 16.3.1 条　太阳能光伏系统安装完成后，应按设计要求或相关标准规定进行标识。

第 2 节　技术标准、规程

2.2.1　《建筑防烟排烟系统技术标准》GB 51251—2017（节选）

1. 防烟系统

第 5.1.1 条　机械加压送风系统应与火灾自动报警系统联动，其联动控制应符合现行国家标准《火灾自动报警系统设计规范》GB 50116 的有关规定。

第 5.1.2 条　加压送风机的启动应符合下列规定：

（1）现场手动启动。

（2）通过火灾自动报警系统自动启动。

（3）消防控制室手动启动。

（4）系统中任一常闭加压送风口开启时，加压风机应能自动启动。

第 5.1.3 条　当防火分区内火灾确认后，应能在 15s 内联动开启常闭加压送风口和加压送风机，并应符合下列规定：

（1）应开启该防火分区楼梯间的全部加压送风机；

（2）应开启该防火分区内着火层及其相邻上下层前室及合用前室的常闭送风口，同时开启加压送风机。

第 5.1.4 条　机械加压送风系统宜设有测压装置及风压调节措施。

第 5.1.5 条　消防控制设备应显示防烟系统的送风机、阀门等设施启闭状态。

2. 排烟系统

第 5.2.1 条　机械排烟系统应与火灾自动报警系统联动，其联动控制应符合现行国家标准《火灾自动报警系统设计规范》GB 50116 的有关规定。

第 5.2.2 条　排烟风机、补风机的控制方式应符合下列规定：

（1）现场手动启动。

（2）火灾自动报警系统自动启动。

（3）消防控制室手动启动。

（4）系统中任一排烟阀或排烟口开启时，排烟风机、补风机自动启动。

（5）排烟防火阀在 280℃ 时应自行关闭，并应连锁关闭排烟风机和补风机。

第 5.2.3 条　机械排烟系统中的常闭排烟阀或排烟口应具有火灾自动报警系统自动开启、消防控制室手动开启和现场手动开启功能，其开启信号应与排烟风机联动。当火灾确认后，火灾自动报警系统应在 15s 联动开启相应防烟分区的全部排烟阀、排烟口、排烟风机和补风设施，并应在 30s 内自动关闭与排烟无关的通风、空调系统。

第 5.2.4 条　当火灾确认后，担负两个及以上防烟分区的排烟系统，应仅打开着火防烟分区的排烟阀或排烟口，其他防烟分区的排烟阀或排烟口应呈关闭状态。

第 5.2.5 条　活动挡烟垂壁应具有火灾自动报警系统自动启动和现场手动启动功能，当火灾确认后，火灾自动报警系统应在 15s 内联动相应防烟分区的全部活动挡烟垂壁，60s 以内挡烟垂壁应开启到位。

第 5.2.6 条　自动排烟窗可采用与火灾自动报警系统联动和温度释放装置联动的控制方式。当采用与火灾自动报警系统自动启动时，自动排烟窗应在 60s 内或小于烟气充满储烟仓时间内开启完毕。带有温控功能自动排烟窗，其温控释放温度应大于环境温度 30℃且小于 100℃。

第 5.2.7 条　消防控制设备应显示排烟系统的排烟风机、补风机、阀门等设施启闭状态。

3. 系统施工一般规定

第 6.1.1 条　防烟、排烟系统的分部、分项工程划分可按本标准附录 C 表 C 执行。

第 6.1.2 条　防烟、排烟系统施工前应具备下列条件：

（1）经批准的施工图、设计说明书等设计文件应齐全。

（2）设计单位应向施工、建设、监理单位进行技术交底。

（3）系统主要材料、部件、设备的品种、型号规格符合设计要求，并能保证正常施工。

（4）施工现场及施工中的给水、供电、供气等条件满足连续施工作业要求。

（5）系统所需的预埋件、预留孔洞等施工前期条件符合设计要求。

第 6.1.3 条　防烟、排烟系统的施工现场应进行质量管理，并应按本标准附录 D 表 D-1 的要求进行检查记录。

第 6.1.4 条　防烟、排烟系统应按下列规定进行施工过程质量控制：

（1）施工前，应对设备、材料及配件进行现场检查，检验合格后经监理工程师签证方可安装使用。

（2）施工应按批准的施工图、设计说明书及其设计变更通知单等文件的要求进行。

（3）各工序应按施工技术标准进行质量控制，每道工序完成后，应进行检查，检查合格后方可进入下道工序。

（4）相关各专业工种之间交接时，应进行检验，并经监理工程师签证后方可进入下道工序。

（5）施工过程质量检查内容、数量、方法应符合本标准相关规定。

（6）施工过程质量检查应由监理工程师组织施工单位人员完成。

（7）系统安装完成后，施工单位应按相关专业调试规定进行调试。

（8）系统调试完成后，施工单位应向建设单位提交质量控制资料和各类施工过程质量检查记录。

第 6.1.5 条　防烟、排烟系统中的送风口、排风口、排烟防火阀、送风风机、排烟风机、固定窗等应设置明显永久标识。

第 6.1.6 条　防烟、排烟系统施工过程质量检查记录应由施工单位质量检查员按本标准附录 D 填写，监理工程师进行检查，并做出检查结论。

第 6.1.7 条　防烟、排烟系统工程质量控制资料应按本标准附录 E 的要求填写。

4. 进场检验

第 6.2.1 条　风管应符合下列规定：

（1）风管的材料品种、规格、厚度等应符合设计要求和现行国家标准的规定。当采用金属风管且设计无要求时，钢板或镀锌钢板的厚度应符合本标准表 2-20 的规定。

钢板风管板材厚度表　　　　　　　　　　　　　　　　　表 2-20

风管直径 D 或长边尺寸 B (mm)	送风系统（mm）		排烟系统 (mm)
	圆形风管	矩形风管	
D(B)≤320	0.50	0.50	0.75
320<D(B)≤450	0.60	0.60	0.75
450<D(B)≤630	0.75	0.75	1.00
630<D(B)≤1000	0.75	0.75	1.00
1000<D(B)≤1500	1.00	1.00	1.20
1500<D(B)≤2000	1.20	1.20	1.50
2000<D(B)≤4000	按设计	1.20	按设计

注：1. 螺旋风管的钢板厚度可适当减小 10%～15%。

　　2. 不适用于防火隔墙的预埋管。

（2）有耐火极限要求的风管的本体、框架与固定材料、密封垫料等必须为不燃材料，材料品种、规格、厚度及耐火极限等应符合设计要求和国家现行标准的规定。

第 6.2.2 条　防烟、排烟系统中各类阀（口）应符合下列规定：

（1）排烟防火阀、送风口、排烟阀或排烟口等必须符合有关消防产品标准的规定，其型号、规格、数量应符合设计要求，手动开启灵活、关闭可靠严密。

（2）防火阀、送风口和排烟阀或排烟口等的驱动装置，动作应可靠，在最大工作压力下工作正常。

（3）防烟、排烟系统柔性短管的制作材料必须为不燃材料。

第 6.2.3 条　风机应符合产品标准和有关消防产品标准的规定，其型号、规格、数量应符合设计要求，出口方向应正确。

第 6.2.4 条　活动挡烟垂壁及其电动驱动装置和控制装置应符合有关消防产品标准的规定，其型号、规格、数量应符合设计要求，动作可靠。

第 6.2.5 条　自动排烟窗的驱动装置和控制装置应符合设计要求，动作可靠。

第 6.2.6 条　防烟、排烟系统工程进场检验记录应按本标准附录 D 表 D-2 填写。

5. 风管安装

第 6.3.1 条　金属风管的制作和连接应符合下列规定：

（1）风管采用法兰连接时，风管法兰材料规格应按本标准表 2-21 选用，其螺栓孔的间距不得大于 150mm，矩形风管法兰四角处应设有螺孔。

风管法兰及螺栓规格 表 2-21

风管直径 D 或风管长边尺寸 B(mm)	法兰材料规格(mm)	螺栓规格
$D(B) \leqslant 630$	25×3	M6
$630 < D(B) \leqslant 1500$	30×3	M8
$1500 < D(B) \leqslant 2500$	40×4	M8
$2500 < D(B) \leqslant 4000$	50×5	M10

（2）板材应采用咬口连接或铆接，除镀锌钢板及含有复合保护层的钢板外，板厚大于 1.5mm 的可采用焊接。

（3）风管应以板材连接的密封为主，可辅以密封胶嵌缝或其他方法密封，密封面宜设在风管的正压侧。

（4）无法兰连接风管的薄钢板法兰高度及连接应按本标准表 6.3.1 的规定执行。

（5）排烟风管的隔热层应采用厚度不小于 40mm 的不燃绝热材料，绝热材料的施工及风管加固、导流片的设置应按现行国家标准《通风与空调工程施工质量验收规范》GB 50243 的有关规定执行。

第 6.3.2 条 非金属风管的制作和连接应符合下列规定：

（1）非金属风管的材料品种、规格、性能与厚度等应符合设计和现行国家产品标准的规定。

（2）法兰的规格应分别符合本标准表 2-22 的规定，其螺栓孔的间距不得大于 120mm；矩形风管法兰的四角处应设有螺孔。

无机玻璃钢风管法兰规格 表 2-22

风管边长 B(mm)	材料规格（宽×厚）(mm)	连接螺栓
$B \leqslant 400$	30×4	M8
$400 < B \leqslant 1000$	40×6	M8
$1000 < B \leqslant 2000$	50×8	M10

（3）采用套管连接时，套管厚度不得小于风管板材的厚度。

（4）无机玻璃钢风管的玻璃布必须无碱或中碱，层数应符合现行国家标准《通风与空调工程施工质量验收规范》GB 50243 的规定，风管的表面不得出现泛卤或严重泛霜。

第 6.3.3 条 风管应按系统类别进行强度和严密性检验，其强度和严密性应符合设计要求或下列规定：

（1）风管强度应符合现行行业标准《通风管道技术规程》JGJ/T 141 的规定。

（2）金属矩形风管的允许漏风量应符合下列规定：

$$\text{低压系统风管：} L_{low} \leqslant 0.1056 P_{风管}^{0.65}$$

$$\text{中压系统风管：} L_{mid} \leqslant 0.0352 P_{风管}^{0.65}$$

$$\text{高压系统风管：} L_{high} \leqslant 0.0117 P_{风管}^{0.65}$$

式中　L_{low}，L_{mid}，L_{high}——系统风管在相应工作压力下，单位面积风管单位时间内的允许漏风量[m³/(h·m²)]；

$P_{风管}$——指风管系统的工作压力（Pa）。

（3）风管系统类别应按本标准表 2-23 划分。

风管系统类别划分　　　　　　　　　　　　　　　　表 2-23

系统类别	系统工作压力 $P_{风管}$(Pa)
低压系统	$P_{风管}\leqslant 500$
中压系统	$500 < P_{风管}\leqslant 1500$
高压系统	$P_{风管} > 1500$

(4) 金属圆形风管、非金属风管允许的气体漏风量应为金属矩形风管规定值的 50%。

(5) 排烟风管应按中压系统风管的规定。

第 6.3.4 条　风管的安装应符合下列规定：

(1) 风管的规格、安装位置、标高、走向应符合设计要求，且现场风管的安装不得缩小接口的有效截面。

(2) 风管接口的连接应严密、牢固，垫片厚度不应小于 3mm，不应凸入管内和法兰外；排烟风管法兰垫片应为不燃材料，薄钢板法兰风管应采用螺栓连接。

(3) 风管吊、支架的安装应按现行国家标准《通风与空调工程施工质量验收规范》GB 50243 的有关规定执行。

(4) 风管与风机的连接宜采用法兰连接，或采用不燃材料的柔性短管连接。当风机仅用于防烟、排烟时，不宜采用柔性连接。

(5) 风管与风机连接若有转弯处宜加装导流叶片，保证气流顺畅。

(6) 当风管穿越隔墙或楼板时，风管与隔墙之间的空隙应采用水泥砂浆等不燃材料严密填塞。

(7) 吊顶内的排烟管道应采用不燃材料隔热，并应与可燃物保持不小于 150mm 的距离。

第 6.3.5 条　风管（道）系统安装完毕后，应按系统类别进行严密性检验，检验应以主、干管道为主，漏风量应符合设计与本标准第 6.3.3 条的规定。

6. 部件安装

第 6.4.1 条　排烟防火阀的安装应符合下列规定：

(1) 型号、规格及安装的方向、位置应符合设计要求。

(2) 阀门应顺气流方向关闭，防火分区隔墙两侧的排烟防火阀距墙端面不应大于 200mm。

(3) 手动和电动装置应灵活、可靠，阀门关闭严密。

(4) 应设独立的支、吊架，当风管采用不燃材料防火隔热时，阀门安装处应有明显标识。

第 6.4.2 条　送风口、排烟阀或排烟口的安装位置应符合标准和设计要求，并应固定牢靠，表面平整、不变形，调节灵活；排烟口距可燃物或可燃构件的距离不应小于 1.5m。

第 6.4.3 条　常闭送风口、排烟阀或排烟口的手动驱动装置应固定安装在明显可见、距楼地面 1.3～1.5m 之间便于操作的位置，预埋套管不得有死弯及瘪陷，手动驱动装置操作应灵活。

第 6.4.4 条　挡烟垂壁的安装应符合下列规定：

（1）型号、规格、下垂的长度和安装位置应符合设计要求。

（2）活动挡烟垂壁与建筑结构（柱或墙）面的缝隙不应大于60mm，由两块或两块以上的挡烟垂帘组成的连续性挡烟垂壁，各块之间不应有缝隙，搭接宽度不应小于100mm。

（3）活动挡烟垂壁的手动操作按钮应固定安装在距楼地面1.3～1.5m之间便于操作、明显可见处。

第6.4.5条　排烟窗的安装应符合下列规定：

（1）型号、规格和安装位置应符合设计要求。

（2）安装应牢固、可靠，符合有关门窗施工验收规范要求，并应开启、关闭灵活。

（3）手动开启机构或按钮应固定安装在距楼地面1.3～1.5m之间，并应便于操作、明显可见。

（4）自动排烟窗驱动装置的安装应符合设计和产品技术文件要求，并应灵活、可靠。

7. 风机安装

第6.5.1条　风机的型号、规格应符合设计规定，其出口方向应正确，排烟风机的出口与加压送风机的进口之间的距离应符合本标准的规定。

第6.5.2条　风机外壳至墙壁或其他设备的距离不应小于600mm。

第6.5.3条　风机应设在混凝土或钢架基础上，且不应设置减振装置；若排烟系统与通风空调系统共用且需要设置减振装置时，不应使用橡胶减振装置。

第6.5.4条　吊装风机的支、吊架应焊接牢固、安装可靠，其结构形式和外形尺寸应符合设计或设备技术文件要求。

第6.5.5条　风机驱动装置的外露部位应装设防护罩；直通大气的进、出风口应装设防护网或采取其他安全设施，并应设防雨措施。

2.2.2　《民用建筑太阳能热水系统应用技术标准》GB 50364—2018（节选）

1. 太阳能热水系统安装一般规定

第6.1.1条　太阳能热水系统的安装应符合系统设计要求。不应损坏建筑物的结构；不应影响建筑物在设计使用年限内承受各种荷载的能力；不应破坏屋面防水层和建筑物的附属设施。

第6.1.2条　太阳能热水系统的安装应单独编制施工组织设计，应包括与主体结构施工、设备安装、装饰装修等交叉作业协调配合方案及安全措施等内容。

第6.1.3条　太阳能热水系统安装前应具备下列条件：

（1）设计文件齐备，且已审查通过。

（2）施工组织设计及施工方案已经批准。

（3）施工场地符合施工组织设计要求。

（4）现场水、电、场地、道路等施工准备条件能满足正常施工需要。

（5）既有建筑改造项目中应有经结构复核或法定检测机构同意安装太阳能热水系统的鉴定文件。

第6.1.4条　进场安装的太阳能热水系统产品、配件、材料及性能、色彩等应符合设计要求，且有产品合格证。

第6.1.5条　当安装太阳能热水系统时，应对已完成工程的部位采取保护措施。

第6.1.6条　太阳能热水系统在安装过程中，产品和物件的存放、搬运、吊装不应碰撞和损坏；半成品应妥善保护。

第 6.1.7 条　分散供热水系统的安装不得影响其他住户的使用功能要求。

2. 基座

第 6.2.1 条　太阳能热水系统基座应与建筑主体结构连接牢固。

第 6.2.2 条　预埋件与基座之间的空隙，应采用细石混凝土填捣密实。

第 6.2.3 条　在屋面结构层上现场施工的基座完成后，应做防水处理，并应符合现行国家标准《屋面工程质量验收规范》GB 50207 的规定。

第 6.2.4 条　采用预制的集热器支架基座应摆放平稳、整齐，并应与建筑连接牢固，且不应破坏屋面防水层。

第 6.2.5 条　钢基座及混凝土基座顶面的预埋件，在太阳能热水系统安装前应涂防腐涂料，安装中应及时涂刷并妥善保护。防腐施工应符合现行国家标准《建筑防腐蚀工程施工规范》GB 50212 和《建筑防腐蚀工程施工质量验收标准》GB 50224 的规定。

3. 支架

第 6.3.1 条　太阳能热水系统的支架及其材料应符合设计要求。钢结构支架的焊接应符合现行国家标准《钢结构工程施工质量验收标准》GB 50205 的规定。

第 6.3.2 条　支架应按设计要求安装在承重基座上，位置准确，与承重基座固定牢靠，并应设置检修通道。

第 6.3.3 条　支架应根据现场条件采取抗风措施。其抗风能力应达到设计要求。

第 6.3.4 条　支承太阳能热水系统的钢结构支架应与建筑物接地系统可靠连接。

第 6.3.5 条　钢结构支架焊接完毕，应做防腐处理。防腐施工应符合现行国家标准《建筑防腐蚀工程施工规范》GB 50212 和《建筑防腐蚀工程施工质量验收标准》GB 50224 的规定。

4. 集热器

第 6.4.1 条　集热器阵列安装的方位角、倾角和间距应符合设计要求，安装倾角误差为±3°。集热器应与建筑主体结构或集热器支架牢靠固定，防止滑脱。

第 6.4.2 条　集热器间的连接方式应符合设计要求，且密封可靠，无泄漏，无扭曲变形。

第 6.4.3 条　集热器之间非焊接方式连接的连接件，应便于拆卸或更换。

第 6.4.4 条　集热器连接完毕，应进行检漏试验，检漏试验应符合设计要求与本标准第 6.9 节的规定。

第 6.4.5 条　集热器之间连接管的保温应在检漏试验合格后进行。保温材料及其厚度应符合现行国家标准《建筑给水排水及采暖工程施工质量验收规范》GB 50242 的规定。

5. 贮热水箱

第 6.5.1 条　贮热水箱应与底座固定牢靠，底座基础应符合设计要求，无沉降与局部变形。

第 6.5.2 条　用于制作贮热水箱的材质、规格应符合设计要求。

第 6.5.3 条　钢板焊接的贮热水箱，水箱内外壁均应按设计要求做防腐处理。内壁防腐材料应卫生、无毒，并应能承受所贮存热水的最高温度。

第 6.5.4 条　贮热水箱的内箱应做接地处理，接地应符合现行国家标准《电气装置安

装工程　接地装置施工及验收规范》GB 50169 的规定。

第6.5.5条　贮热水箱应进行检漏试验，试验方法应符合设计要求和本标准第6.9节的规定。

第6.5.6条　现场制作的贮热水箱，保温应在检漏试验合格后进行。水箱保温应符合现行国家标准《工业设备及管道绝热工程施工质量验收规范》GB 50185 的规定。

第6.5.7条　室内贮热水箱四周应留有管路与设备安装与检修所需的必要空间。

6. 管路

第6.6.1条　太阳能热水系统的管路安装应符合现行国家标准《建筑给水排水及采暖工程施工质量验收规范》GB 50242 的规定。管路及配件的材料应与设计要求一致，并与传热工质相容，直线段过长的管路应按设计要求设置补偿器。

第6.6.2条　水泵安装应符合制造商要求，并应符合现行国家标准《风机、压缩机、泵安装工程施工及验收规范》GB 50275 的有关规定。水泵周围应留有检修空间，前后应设置截止阀，并应做好接地防护。功率较大的泵进出口宜设置减振喉，水泵与基础之间应按设计要求设置减振垫等隔振措施。

第6.6.3条　安装在室外的水泵，应采取妥当的防雨保护措施。严寒地区和寒冷地区应采取防冻措施。

第6.6.4条　电磁阀、电动阀应水平安装，阀前应加装细网过滤器，电磁阀与电动阀前后及旁通管应设置截止阀。

第6.6.5条　水泵、电磁阀、电动阀及其他阀门的安装方向应正确，并应便于更换。过压及过热保护的阀门泄压口安装方向应正确，保证安全并设置符合设计要求的硬管引流，工质为防冻液的系统应设置防冻液收集措施。

第6.6.6条　承压管路与设备应做水压试验；非承压管路和设备应做灌水试验。试验方法应符合设计要求和本标准第6.9节的规定。

第6.6.7条　管路保温应在水压试验合格后进行，保温应符合现行国家标准《建筑给水排水及采暖工程施工质量验收规范》GB 50242 的规定。

第6.6.8条　严寒和寒冷地区以水为工质的室外管路，应采取防冻措施。

7. 辅助能源加热设备

第6.7.1条　直接加热的电加热管的安装应符合现行国家标准《建筑电气工程施工质量验收规范》GB 50303 的规定。

第6.7.2条　供热锅炉及其他辅助设备的安装应符合现行国家标准《建筑给水排水及采暖工程施工质量验收规范》GB 50242 的规定。

8. 电气与控制系统

第6.8.1条　电缆线路施工应符合现行国家标准《电气装置安装工程　电缆线路施工及验收标准》GB 50168 的规定。

第6.8.2条　其他电气设施的安装应符合现行国家标准《建筑电气工程施工质量验收规范》GB 50303 的相关规定。各类盘、柜应按说明书中要求放置在合适的环境，其安装应符合《电气装置安装工程　盘、柜及二次回路接线施工及验收规范》GB 50171 的规定。设备间应具备防潮和防高温蒸汽的相应措施。

第6.8.3条　电气设备和与电气设备相连接的金属部件应做等电位连接。电气接地装置的施工应符合现行国家标准《电气装置安装工程 接地装置施工及验收规范》GB 50169 的规定。

第 6.8.4 条 传感器的接线应牢固可靠，接触良好。传感器控制线应做防水处理。传感器安装应与被测部位良好接触，温度传感器四周应进行良好的保温并做好标识。

9. 水压试验与冲洗

第 6.9.1 条 太阳能热水系统安装完毕后，在设备和管路保温之前，应进行水压试验。

第 6.9.2 条 各种承压管路系统和设备应做水压试验，试验压力应符合设计要求。非承压管路系统和设备应做灌水试验。当设计未注明时，水压试验和灌水试验，应按现行国家标准《建筑给水排水及采暖工程施工质量验收规范》GB 50242 执行。

第 6.9.3 条 当环境温度低于 5℃进行水压试验时，应采取可靠的防冻措施。

第 6.9.4 条 系统水压试验合格后，应对系统进行冲洗直至排出的水不浑浊为止。

2.2.3 《太阳能供热采暖工程技术标准》GB 50495—2019（节选）

1. 太阳能集热系统施工一般规定

第 5.1.1 条 建筑物上安装太阳能集热系统不得降低相邻建筑的日照标准。

第 5.1.2 条 太阳能集热系统应根据建设地区和使用条件采取防冻、防过热、防雹、抗风、抗震、防雷和用电安全等技术措施。

第 5.1.3 条 直接式太阳能集热系统宜在冬季环境温度较高、防冻问题不严重的地区使用；冬季环境温度较低的地区宜采用间接式太阳能集热系统。

第 5.1.4 条 太阳能供热采暖系统中的太阳能集热器的性能应符合现行国家标准《平板型太阳能集热器》GB/T 6424、《真空管型太阳能集热器》GB/T 17581 和《太阳能空气集热器技术条件》GB/T 26976 的相关规定，且正常使用寿命不应少于 15 年。

第 5.1.5 条 太阳能集热系统的施工安装不得破坏建筑物的结构、屋面、地面防水层和附属设施，不得削弱建筑物承受荷载的能力。

第 5.1.6 条 太阳能集热系统管道及保温材料应选用耐腐蚀、与传热工质相容、可耐受系统最高工作温度且安装连接方便可靠的管材和材料。

第 5.1.7 条 太阳能集热系统应设置自动控制，并应符合下列规定：

（1）自动控制的功能应包括对太阳能集热系统的运行控制和安全防护控制、集热系统和其他辅助热源设备的工作切换控制。太阳能集热系统安全防护控制的功能应包括防冻保护和防过热保护。

（2）控制方式应简便、可靠、利于操作。

（3）自动控制系统中使用的温度传感器，其测量不确定度不应大于 0.5℃。

2. 太阳能集热系统施工

第 5.3.1 条 太阳能集热系统的施工安装应单独编制施工组织设计，并应包括与主体结构施工、设备安装、装饰装修等相关工种的协调配合方案和安全措施等内容。

第 5.3.2 条 太阳能集热系统施工安装前应符合下列规定：

（1）设计文件应齐备，且应已通过施工图审查。

（2）应具备施工组织设计及施工方案。

（3）施工场地应符合施工组织设计要求。

（4）现场水、电、场地、道路等条件应满足正常施工需要。

（5）预留基础、孔洞、设施应符合设计图纸。

（6）既有建筑应经结构复核，或具备法定检测机构同意安装太阳能供热采暖系统的鉴定文件。

第5.3.3条 太阳能集热器的安装方位和安装倾角应符合设计要求。

第5.3.4条 太阳能集热器的连接方式及真空管与联箱的密封方式应符合产品设计要求。

第5.3.5条 安装在平屋面专用基座上的太阳能集热器，基座的强度应符合设计要求，基座与建筑主体结构连接应牢固，并应进行防水处理，其防水制作应符合现行国家标准《屋面工程质量验收规范》GB 50207 的规定要求。

第5.3.6条 埋设在坡屋面结构层的预埋件应在结构层施工时埋入位置应准确。预埋件应做防腐处理，在太阳能集热系统安装前应采取保护措施。

第5.3.7条 带支架安装的太阳能集热器，其支架强度、抗风能力防腐处理和热补偿措施等应符合设计要求。

第5.3.8条 太阳能集热系统管线穿过屋面、露台时，应预埋防水套管。

第5.3.9条 太阳能集热系统连接管线、部件、阀门等配件选用的材料应耐受系统的最高工作温度和工作压力。

第5.3.10条 进场安装的太阳能集热系统的产品、配件、材料应有产品合格证，其性能应符合设计要求；太阳能集热器应有性能检测报告。

第5.3.11条 太阳能集热系统的管道施工安装应符合现行国家标准《建筑给水排水及采暖工程施工质量验收规范》GB 50242 和《通风与空调工程施工质量验收规范》GB 50243 的相关规定。

第5.3.12条 液体工质太阳能集热系统安装完毕后，设备和管路保温前应进行水压试验，试验压力应符合设计要求。设计未注明时应符合现行国家标准《建筑给水排水及采暖工程施工质量验收规范》GB 50242 的规定。

第5.3.13条 系统的电缆线路施工和电气设施的安装应符合现行国家标准《电气装置安装工程 电缆线路施工及验收标准》GB 50168 和《建筑电气工程施工质量验收规范》GB 50303 的相关规定。

第5.3.14条 系统中电气设备和与电气设备相连接的金属部件应做等电位连接处理。电气接地装置的施应符合现行国家标准《电气装置安装工程 接地装置施及验收规范》GB 50169 的规定。

第5.3.15条 系统中传感器的接线应牢固可靠，接触应良好。传感器控制线应做防水处理。传感器安装应与被测部位良好接触并进行标识，温度传感器四周应保温。

3. 太阳能蓄热系统施工一般规定

第6.1.1条 太阳能蓄热系统应根据用户需求、投资、供热采暖负荷太阳能集热系统的形式、性能、太阳能保证率等进行技术经济分析后选取并确定蓄热系统规模。

第6.1.2条 太阳能供热采暖系统的蓄热方式应根据蓄热系统形式投资规模、当地的水文、土壤条件及使用要求等进行经济、效益综合分析，并应按表2-24确定。

蓄热方式选用表　　　　　　　　表 2-24

系统形式	蓄热方式				
	贮热水箱	蓄热水池	土壤埋管	卵石堆	相变材料
液体工质集热器短期蓄热系统	●	●	—	—	●
液体工质集热器季节蓄热系统	●	●	●	—	—
空气集热器短期蓄热系统	●	—	—	●	●

注：表中"●"为可选用项。

第 6.1.3 条　太阳能液体集热器供热采暖系统在采暖期长且采暖期间太阳辐照条件好的地区宜采用短期蓄热方式。

第 6.1.4 条　太阳能季节蓄热系统宜设置缓冲贮热水箱与季节蓄热装置联合工作。

第 6.1.5 条　蓄热水池不应与消防水池合用。

第 6.1.6 条　季节蓄热水池或贮热水箱在使用过程中的水质应符合设计要求。

4. 太阳能蓄热系统施工

第 6.4.1 条　制作贮热水箱的材质、规格应符合设计要求；钢板焊接的贮热水箱，水箱内、外壁应按设计要求作防腐处理，内壁防腐涂料应卫生、无毒、能长期耐受所贮存热水的最高温度。

第 6.4.2 条　贮热水箱制作应符合国家现行相关标准的规定；贮热水箱保温应在水箱检漏试验合格后进行，保温制作应符合现行国家标准《工业设备及管道绝热工程质量验收规范》GB 50185 的规定；贮热水箱内箱应做接地处理，接地应符合现行国家标准《电气装置安装工程　接地装置施工及验收规范》GB 50169 的规定。

第 6.4.3 条　贮热水箱和支架间应有隔热垫，宜采用柔性连接。

第 6.4.4 条　蓄热水池应符合下列规定：

（1）应满足系统承压要求，并应能承受土壤等荷载。

（2）应严密、无渗漏。

（3）蓄热水池及内部部件应作防腐蚀处理，内壁防腐涂料应卫生、无毒能长期耐受所贮存热水的最高温度。

（4）选用的保温材料和保温构造应能长期耐受所贮存热水的高温度。

第 6.4.5 条　土壤埋管换热系统的地埋管及管件应符合设计要求，并应提交质量检验报告和产品合格证明。

第 6.4.6 条　土壤埋管季节蓄热系统的施工应符合现行国家标准《地源热泵系统工程技术规范》GB 50366 的规定要求。

第 6.4.7 条　太阳能蓄热系统的管道施工安装应符合现行国家标准《建筑给水排水及采暖工程施工质量验收规范》GB 50242 和《通风与空调工程施工质量验收规范》GB 50243 的规定。

2.2.4　《蓄能空调工程技术标准》JGJ 158—2018（节选）

1. 一般规定

第 4.1.1 条　蓄能空调工程施工前应有完备的施工图纸、技术文件、完善的施工组织设计和施工方案，并应已完成技术交底。

第 4.1.2 条　进场材料、设备的产品合格证和技术文件应齐全，标志应清晰，外观检查应合格，抽样检测结果应合格。

2. 设备安装

第 4.2.1 条　当重大设备运输及吊装时，应制定专项方案并采取防护措施，并应做到施工安全。

第 4.2.2 条　冷热源主机、蓄能设备及其他设备安装前准备应符合下列规定：

（1）机组安装前应进行设备基础验收，基础应满足设备承重要求，表面平整。

（2）设备到场后，建设单位、监理单位、施工单位及生产厂家应联合进行设备开箱验收，并应进行验收记录。

（3）当设备临时存放时，应采取防潮、防磕碰等措施；制冷机组不应在高温、低温环境下长时间存放。

（4）安装人员进入现场后，应按设备、电气、给水排水等图纸核对预留孔洞及预埋件标高与位置、设备基础等。

（5）设备安装应符合说明书及安装手册要求。

第 4.2.3 条　蓄冷装置安装应符合下列规定：

（1）盘管式蓄冷设备运输及安装宜水平。

（2）封装式蓄冷设备中的冰球（或冰板）装罐时，应防止冰球（冰板）与人孔、钢铁件、混凝土等物体碰击或冰球（冰板）间互相撞击；安装时应防止杂物进入罐内。

（3）整装蓄冷设备在临时存放及运输过程中，与设备底面接触的地面应平整。

（4）整装蓄冷设备的基础应平整，倾斜度不应大于 1/1000。

（5）设备安装应采用加垫片的方式进行找平。

（6）蓄冰设备进出液管路间应设试压和冲洗用旁路。

（7）蓄冷装置安装完毕应进行水压试验和气密性试验。

第 4.2.4 条　开式蓄冰装置现场制作时应符合下列规定：

（1）顶部应预留检修口。

（2）槽内宜设置集水坑。

（3）排水泵可采用固定安装或移动安装方式。

（4）应安装注水（液）管；最低处应设置排污管，排污管应设阀门。

第 4.2.5 条　闭式蓄冰槽应符合现行国家标准《压力容器》GB 150 的规定。

第 4.2.6 条　当冰片滑落式蓄冷系统的散装机组现场安装时，布水器水平度误差不应大于 1/1000，蒸发板垂直误差不应大于 1/1000，各管道应按设备说明书连接。

第 4.2.7 条　大温差低温供水的风机盘管，应具有按现行国家标准《风机盘管机组》GB/T 19232 在相应低温工况下逐项检验合格的检验报告。

第 4.2.8 条　低温送风系统的风管和风口，均应具有可证明在设计送风温度下表面不发生结露的检验报告。

第 4.2.9 条　低温送风系统漏风量测试应按现行国家标准《通风与空调工程施工质量验收规范》GB 50243 执行。

第 4.2.10 条　载冷剂管路系统应无冷桥现象，管道支架、阀门、法兰等绝热施工应符合设计中对于载冷剂管路系统安装的要求。

第 4.2.11 条　系统投入使用前应进行清洗，清洗环节应符合下列规定：

（1）应从蓄冷槽、管路、过滤器中除去系统中的残渣、废料以及脏物等；应使冲洗水分段充满管段后排放，管路铁锈、残渣不应进入蓄冷系统。

（2）应将清洁水注入系统，开通系统中所有阀门和管路，工频开启循环泵，使清洁水在整个管路系统中高速循环。

（3）添加清洗剂溶液时，清洗剂溶液应在管路系统中充分溶解和扩散，不应在系统中的任何部位沉淀；清洗时间宜为 8～24h。同时应检查过滤器、除污器的堵塞情况；应在水路高速循环时打开系统低处的放水阀排出清洗溶液，并应避免固体废物在系统中沉淀。

（4）系统重新充水，开始漂清循环时应确保系统清洁。当有污染物留存时应重复清洗、排放；全面清洗完成后，应注入新水漂洗循环，排出漂洗水，再注入新水，至没有清洗液痕迹为止。

（5）系统处于清洁状态后，应注入新水，并应对金属表面进行钝化处理和镀膜。

3. 控制系统安装

第 4.3.1 条　蓄能控制系统的安装应根据设计文件进行控制系统深化设计，并应在系统安装前提供深化设计图纸。

第 4.3.2 条　当蓄冷系统低温液体管路控制设备安装时，传感器应采取防结露措施，应防止电动控制阀与传感器、发送器、执行器进水，并应对测量电路采取隔离与绝热措施。

2.2.5　《低温辐射自限温电热片供暖系统应用技术标准》JGJ/T 479—2019（节选）

1. 一般规定

第 5.1.1 条　自限温电热片供暖系统施工前应编制施工专项方案，并应对施工人员进行技术交底。

第 5.1.2 条　自限温电热片供暖系统施工前准备应符合下列规定：

（1）建筑物内地面基层、抹灰工程和暗铺设的其他管线工程应已完成，且应通过验收。

（2）配电箱应安装到位，电热片各分支回路管线工程应已完成，且应通过验收。

（3）作业面应已清洁干净，厨房、卫生间应已完成闭水试验，且应通过验收。

第 5.1.3 条　自限温电热片供暖系统施工不宜与其他工种交叉作业。

第 5.1.4 条　自限温电热片供暖系统施工结束后应绘制竣工图。

2. 绝热层铺设

第 5.2.1 条　当铺设绝热层时，基面应平整、干燥、无杂物。绝热材料的铺设应贯通整个铺装层。地面与外墙内表面接触部位应做绝热处理。

第 5.2.2 条　绝热层与基层之间、构造层之间的铺设应平整稳固，缝隙应严密。

3. 自限温电热片安装

第 5.3.1 条　自限温电热片安装时应根据施工图进行自限温电热片裁剪，并应对已裁剪好的自限温电热片进行分类编号。

第 5.3.2 条　自限温电热片安装应按施工图铺设，并应符合下列规定：

（1）地面安装时应将自限温电热片平铺于绝热材料上。

（2）墙面安装时应将电热片固定于绝热板或基面上。

第 5.3.3 条　自限温电热片与电缆（线）的连接应采用专用导线连接卡。安装时应采用专用压接工具，连接卡压接应对齐、牢固。当出现错位、松动时，应更换连接卡，并应与自限温电热片的电极连接可靠，导电应良好。

第5.3.4条 自限温电热片两个电极应采用不同颜色导线区分，相邻自限温电热片的两条靠近的电极宜使用同极。连接卡应采用耐温胶带做绝缘和保护。

第5.3.5条 自限温电热片剪切端应粘贴耐温绝缘胶带。

第5.3.6条 自限温电热片两极的连接导线不应绞接交叉，导线在隐蔽位置不应有中间接头。

第5.3.7条 自限温电热片与电缆（线）连接后，应对整组自限温电热片进行检测。自限温电热片功率应符合设计要求，绝缘应符合现行国家标准《自限温电热片》GB/T 29470的规定，且应无短路、断路现象。自限温电热片安装测试记录应按本标准附录A的格式填写。

第5.3.8条 当安装自限温电热片时，应将自限温电热片及其连接电缆（线）与绝热层进行固定。

第5.3.9条 当地面安装自限温电热片有结合层时，连接电缆（线）及部件应被结合层完全覆盖。

第5.3.10条 当潮湿地面安装自限温电热片时，宜在自限温电热片上铺设防水层。

第5.3.11条 安全电压自限温电热片铺设可不采取绝缘措施。安全电压自限温电热片在潮湿区域和需铺设结合层区域进行铺设时，应在散热面铺设一层绝缘膜。

第5.3.12条 接地装置施工应符合现行国家标准《电气装置安装工程 接地装置施工及验收规范》GB 50169的规定。

4. 结合层和饰面层施工

第5.4.1条 结合层和饰面层施工质量验收应符合现行国家标准《建筑地面工程施工质量验收规范》GB 50209的规定。

第5.4.2条 结合层施工应在自限温电热片施工、检验、初步测试完成且通过隐蔽工程验收后进行。

第5.4.3条 结合层施工时应安排专人看护。不应带锐刺机具入场，不应使用机械振捣设备。

第5.4.4条 当饰面层采用地砖、石材时，填充结合层和饰面层施工可结合进行。

第5.4.5条 无结合层的墙、地面饰面层应紧贴自限温电热片。

第5.4.6条 地面与墙面、柱等垂直构件交接处，应留10mm宽伸缩缝；当地面面积大于$30m^2$或边长大于6m时，应按不大于6m间距设置伸缩缝，伸缩缝宽度不应小于8mm。

第5.4.7条 伸缩缝宜采用弹性膨胀膏填充。

5. 安全隔离变压器和温控器安装

第5.5.1条 安全隔离变压器和温控器应安装在干燥、通风的环境，各端口连接应正确，接线应牢固。

第5.5.2条 安全隔离变压器和温控器安装应符合现行国家标准《建筑电气工程施工质量验收规范》GB 50303的规定。

6. 安全保护

第 5.6.1 条　自限温电热片不得与高温及有腐蚀性的化学物质接触。自限温电热片运输、搬运时应采取保护措施。

第 5.6.2 条　铺设自限温电热片时，作业区域不得有焊接及其他明火作业。

第 5.6.3 条　结合层和饰面层的混凝土或砂浆强度达到 1.2N/mm 前，不应踩踏，不应加以重载、放置高温物体或高温加热设备。

第 5.6.4 条　结合层和饰面层的混凝土或砂浆的养护期不应少于 14d 在养护期内不得通电调试和使用自限温电热片取暖。

第 5.6.5 条　自限温电热片供暖系统投入使用后，铺设区域内不得进行穿凿、钻孔、打钉等可能损坏自限温电热片及预埋管线的操作。

2.2.6　《户式空气源热泵供暖应用技术导则（试行）》建标〔2020〕66 号（节选）

1. 一般规定

第 6.1.1 条　空气源热泵系统的施工与验收应符合现行国家标准《通风与空调工程施工规范》GB 50738、《建筑给水排水及采暖工程施工质量验收规范》GB 50242、《通风与空调工程施工质量验收规范》GB 50243 和《建筑电气工程施工质量验收规范》GB 50303 的规定。

第 6.1.2 条　空气源热泵系统的施工应满足设备安装说明书等产品技术资料的要求。

第 6.1.3 条　空气源热泵机组及其施工所用的管材、管件及防冻剂的运输、存放应符合现行国家标准《通风与空调工程施工规范》GB 50738 的规定。

2. 机组安装

第 6.2.1 条　空气源热泵的室外机安装应符合下列规定：

（1）安装位置以及安装基本要求应符合本导则的规定以及设备厂家的安装说明。

（2）不应损坏建筑物结构，不应破坏屋面防水层和建筑物的附属设施。

（3）设备应安装在经过设计、有足够强度的水平基础之上，且设备和基础之间应牢固连接。

（4）安装在屋顶上时应采取抗风及防雷措施。

第 6.2.2 条　空气源热泵系统应采取消声隔振措施并符合下列规定：

（1）空气源热泵机组安装时宜采用垫橡胶减振垫置于基础上，用螺栓固定，调整机组安装水平度。

（2）空气源热泵机组进、出水口安装不锈钢波纹管或橡胶软连接。

（3）水泵进、出水口应使用橡胶软连接，水泵底座应安装在减振基础上。

（4）管道每隔一定距离应设置隔振吊架或隔振支承。管道的支吊架和管道间应设置减振器或弹性材料垫层。

第 6.2.3 条　空气源热泵机组与管道的连接应符合下列要求：

（1）机组与管道连接应在管道冲（洗）合格后进行。

（2）空气源热泵机组的进口应安装过滤器。

（3）空气源热泵机组的进出口应安装压力表和阀门。

3. 系统施工

第 6.3.1 条　供暖系统的水平管道的敷设应有一定的坡度，坡向应有利于排气和泄水。供回水支、干管的坡度宜采用 0.003，不得小于 0.002；立管与散热器连接的支管，坡度不得小于 0.01；当受条件限制，供回水干管（包括水平单管串联系统的散热器连接管）无法保持必要的坡度时，局部可无坡敷设，但该管道内的水流速不得小于 0.25m/s。

第 6.3.2 条　供暖系统的管道应有补偿管道热胀冷缩的措施，宜采用自然补偿。当自然补偿不能满足要求时，应设置补偿器。

第 6.3.3 条　水泵、电磁阀、阀门的安装方向应正确，水泵、电磁阀前应安装活接，方便检修。水泵、电磁阀等设备安装在露天场所时应采用防雨保护措施。

第 6.3.4 条　空气源热泵热水供暖系统应在系统最高点或向上凸的管道上安装排气阀，在系统最低点或向下凹的管道上安装泄水装置。

第 6.3.5 条　除地面下敷设的供暖输配管和加热管外，空气源热泵系统的制冷剂管道、膨胀水箱、水系统管道等在室外或不供暖房间设置时，应采取绝热防腐的措施。绝热防腐的措施应符合现行国家标准《民用建筑供暖通风与空气调节设计规范》GB 50736 和《通风与空调工程施工规范》GB 50738 的规定。

第 6.3.6 条　设置在室内的制冷剂-水换热装置、水箱、水泵等设备的安装应符合现行国家标准《通风与空调工程施工规范》GB 50738 的规定。

第 6.3.7 条　室内管道和供暖末端等设备的安装应符合国家现行标准《建筑给水排水及采暖工程施工质量验收规范》GB 50242、《辐射供暖供冷技术规程》JGJ 142 的规定。

第 6.3.8 条　空气源热泵系统的电气系统应采取单独回路供电，宜设置计量装置。

第 6.3.9 条　所有电气设备和与电气设备相连的金属部件应做接地处理。

第 6.3.10 条　空气源热泵系统的电气与控制应符合现行国家标准《低压配电设计规范》GB 50054、《民用建筑电气设计规范》GB 51348 的规定。

2.2.7　《建筑给水金属管道工程技术标准》CJJ/T 154—2020（节选）

1. 施工一般规定

第 5.1.1 条　管道工程施工前应具备下列条件：

（1）施工图和设计文件齐全，并已进行技术交底。

（2）施工组织设计或施工方案已批准。

（3）施工人员已进行专业培训。

（4）施工场地的用水、用电、材料贮放场地等临时设施能满足施工要求。

（5）管材、管件、附件、阀门等具有质量合格证书，其规格型号及性能检测报告符合国家现行标准和设计要求。

第 5.1.2 条　管道工程与相关各专业之间，应进行交接质量检验，并应形成记录。

第 5.1.3 条　隐蔽工程应在检验合格后才能隐蔽，并应形成记录。

第 5.1.4 条　管材、管件在运输、装卸和搬运时应小心轻放，防止重压，不得抛、摔、滚、拖。防止雨淋、污染和长期露天堆放。

第 5.1.5 条　管材、管件的贮存应符合下列规定：

（1）管材、管件应存放在通风良好的库房，室温不宜高于 40℃。

（2）堆放场地应平整，底部应有支垫，管材外悬臂长度不宜大于 0.5m。

（3）管材堆放高度不宜大于 1.5m，管件堆放高度不宜大于 2.0m。

第 5.1.6 条　抗震设计的管道工程施工应符合国家现行标准的有关规定。

2. 管道连接

第 5.2.1 条 管道连接前应确认管材、管件的规格尺寸符合设计要求。

第 5.2.2 条 管道系统的配管与连接应按下列步骤进行

（1）按设计图纸规定的坐标和标高线绘制实测施工图。

（2）按实测施工图配管。

（3）确定管材和管件的安装顺序，进行预装配。

（4）进行管道连接。

第 5.2.3 条 配管切割应符合下列规定：

（1）切割前应先确认管材无损伤、无变形。

（2）切割工具宜采用专用的电动切管机、手动切管器或手动管割刀。

（3）管材宜采用圆周环绕切割，应保持截面周向匀称，管口不得变形。

（4）管材切割后，管口的端面应平整，并应垂直于管轴线，切斜的质量要求应符合表 2-25 的规定。

切斜的质量要求 表 2-25

DN（mm）	切斜（mm）
≤20	≤0.5
25～40	≤0.6
50～80	≤0.8
100～150	≤1.2
≥200	≤1.5

第 5.2.4 条 管材切割后，管端的内外毛刺宜采用专用修边工具清除干净。

第 5.2.5 条 管材切割后，管端如有变形，应采用专用整形工具对管端整圆。

第 5.2.6 条 管道连接前，应将管材与管件的内外污垢与杂质清除干净，有密封材料的管件，应检查密封材料和连接面，不得有伤痕、杂物。

第 5.2.7 条 管道连接应按安装顺序和方法的要求进行。

第 5.2.8 条 管道需拆卸的场合可采用沟槽式连接、承插式 T 型连接、法兰连接和活接连接等连接方式。

第 5.2.9 条 采用沟槽式连接的金属管道，当需要拆卸时，应泄压泄水后拆卸。

第 5.2.10 条 当镀锌钢管、焊接钢管采用螺纹连接时，螺纹长度可按表 2-26 确定。

螺纹长度 表 2-26

DN（mm）	螺纹长度（mm）	
	连接阀体的管道	连接管件的管道
15	12	14
20	13.5	16
25	15	18
32	17	20
40	19	22
50	21	24
65	23.5	27
80	26	30
100	32	36

第 5.2.11 条 管道的连接方法应符合本标准附录 A～附录 E 的规定。

第 5.2.12 条 当镀锌钢管采用卡压式连接或环压式连接时，连接方法应符合本标准第 A.5 节的规定。

第 5.2.13 条 公称尺寸不大于 50mm，且壁厚小于或等于 3.5mm 的钢管可采用气焊。

第 5.2.14 条 当管道采用法兰连接时，法兰盘面应平整、无裂纹，密封面上不得有斑疤、砂眼及辐射状沟纹。

第 5.2.15 条 法兰连接的橡胶垫圈应符合下列规定：

（1）垫圈厚度应均匀，且无老化、皱纹等缺陷；当采用非整体垫圈时，拼缝应平整且粘结良好。

（2）当管道公称尺寸小于或等于 DN600 时，垫圈厚度宜为 3～4mm；当管道公称尺寸大于或等于 DN700 时，垫圈厚度宜用为 5～6mm。

（3）垫圈内径应与法兰内径一致，允许偏差应符合下列要求：

1）当管道公称尺寸不大于 150mm 时，允许偏差应为 +3mm。

2）当管道公称尺寸不小于 200m 时，允许偏差应为 +5mm。

（4）垫圈外径应与法兰密封面外缘平齐。

第 5.2.16 条 当薄壁不锈钢管采用卡压式连接、环压式连接、卡粘式连接或锥螺纹连接时，其规格尺寸及承口尺寸应符合国家现行标准《不锈钢卡压式管件组件　第 1 部分：卡压式管件》GB/T 19228.1、《不锈钢卡压式管件组件　第 2 部分：连接用薄壁不锈钢管》GB/T 19228.2、《不锈钢卡压式管件组件　第 3 部分：O 形橡胶密封圈》GB/T 19228.3、《不锈钢环压式管件》GB/T 33926、《薄壁不锈钢卡压式和沟槽式管件》CJ/T 152、《沟槽式管接头》CJ/T 156、《齿环卡压式薄壁不锈钢管件》CJ/T 520 的规定。采用密封圈密封的薄壁不锈钢管组对前，密封圈位置应正确。

第 5.2.17 条 铜管管道系统应采用铜制管件、附件。铜管与钢制设备连接时，应采用铜合金配件。

第 5.2.18 条 碳钢管、薄壁不锈钢管、球墨铸铁管和铜管也可采用插合自锁卡簧式连接。

3. 管道敷设

第 5.3.1 条 管道安装前应检查管材、管件的适配性和公差。

第 5.3.2 条 管道安装间歇或完成后，敞口处应及时封堵。

第 5.3.3 条 施工过程中，应防止管材、管件与酸、碱等有腐蚀性液体、污物接触。受污染的管材、管件，其内外污垢和杂物应清理干净。

第 5.3.4 条 当管道穿墙壁、楼板及嵌墙暗敷时，应配合土建工程预留孔、槽，预留孔或开槽的尺寸应符合下列规定：

（1）预留孔洞的尺寸应大于管道外径 50～100mm。

（2）嵌墙暗管的墙槽深度应为管道外径加 20～50mm，宽度应为管道外径加 40～50mm。

第 5.3.5 条 架空管道管顶上部的净空不宜小于 200mm。

第 5.3.6 条 明装管道的外壁或管道保温层外表面与装饰墙面的净距离宜为 10mm。

第 5.3.7 条　薄壁不锈钢管、铜管与阀门、水表、水嘴等连接应采用转换接头。严禁在薄壁不锈钢管、铜管上切削加工套丝。

第 5.3.8 条　进户管与水表的接口不得埋设,并应采用可拆卸连接方式。

第 5.3.9 条　当管道系统与供水设备连接时,其接口处应采用可拆卸连接方式。

第 5.3.10 条　安装管道时不得强制矫正。安装完毕的管线应横平竖直,不得有明显的起伏、弯曲等现象,管道外壁应无损伤。

第 5.3.11 条　管道明敷时,应在土建工程完毕后安装。安装前,应先复核预留孔洞的位置。

第 5.3.12 条　管道暗敷时应符合下列规定:

(1) 管道应进行外防腐。

(2) 管道应在试压合格和隐蔽工程验收后方可封闭。

(3) 当管道敷设在垫层内时,应在找平层上设置明显的管道位置标志。

第 5.3.13 条　当管道与其他管道平行安装时,其净距不宜小于 100mm。

4. 管道支架

第 5.4.1 条　管道系统应设置固定支架或滑动支架。管道抗震支吊架的设置应符合现行国家标准《建筑机电工程抗震设计规范》GB 50981 的有关规定。

第 5.4.2 条　管道支、吊、托架的安装应符合下列规定:

(1) 管道支、吊、托架的位置应正确,埋设应平整牢固。

(2) 固定支架与管道的接触应紧密,固定应牢靠。

(3) 滑动支架应灵活,滑托与滑槽两侧间应留有 3~5mm 的间隙。

(4) 无热伸长管道的吊架、吊杆应垂直安装。

(5) 有热伸长管道的吊架、吊杆应向热膨胀的反方向偏移。

(6) 固定在建筑结构上的管道支、吊架不得影响结构的安全。

第 5.4.3 条　钢管和铜管的管道支、吊架间距应符合现行国家标准《建筑给水排水及采暖工程施工质量验收规范》GB 50242 的有关规定。

第 5.4.4 条　热水管道固定支架的间距应根据管线热胀量、膨胀节允许补偿量等确定。固定支架宜设置在变径、分支、接口处及穿越承重墙、楼板等处的两侧。

第 5.4.5 条　薄壁不锈钢管道固定支架的间距不宜大于 15m。

第 5.4.6 条　薄壁不锈钢管道的滑动支架最大间距应符合表 2-27 的规定。

薄壁不锈钢管道的滑动支架最大间距　　　　　　　　表 2-27

DN(mm)	滑动支架最大间距(m)	
	水平管	立管
10~15	1.0	1.5
20~25	1.5	2.0
32~40	2.0	2.5
50~80	2.5	3.0
100~300	3.0	3.5

第 5.4.7 条　管道立管管卡的安装应符合下列规定:

（1）当楼层高度不大于 5m 时，每层的每根管道应安装不少于 1 个管卡。

（2）当楼层高度大于 5m 时，每层的每根管道安装的管卡不得少于 2 个。

（3）当每层的每根管道安装 2 个以上管卡时，安装位置应匀称。

（4）管卡的安装高度应距地面 1.5～1.8m，且同一房间的管卡应安装在同一高度上。

第 5.4.8 条   当管道公称尺寸不大于 DN25 时，可采用塑料管卡。

第 5.4.9 条   当薄壁不锈钢管、铜管采用碳钢金属管卡或吊架时，金属管卡或吊架与管道之间应采用塑料带或橡胶等软物隔垫。

第 5.4.10 条   铜管的固定支架应采用铜套管式固定。

第 5.4.11 条   在给水栓和配水点处应采用金属管卡或吊架固定，管卡或吊架宜设置在距配件 40～80mm 处。

第 5.4.12 条   铜管道的支承件宜采用铜合金制品。当采用碳钢支架时，管道与支架之间应设软性隔垫，隔垫材料不得对铜管产生腐蚀。

第 5.4.13 条   当管道采用沟槽式连接时，应在下列位置增设固定支架：

（1）进水立管的管道底部。

（2）管道的三通、四通、弯头等管件的部位。

（3）立管的自由长度较长而需要支承立管重量的部位。

（4）管道设置补偿器，需要控制管道伸缩的部位。

2.2.8　《建筑光伏系统应用技术标准》GB/T 51368—2019（节选）

1. 一般规定

第 9.1.1 条   工程施工前应具备下列条件：

（1）建设单位应取得相关的施工许可文件。

（2）施工通道应符合材料、设备运输的要求。

（3）施工单位的资质、特种作业人员资格、施工机械、施工材料、计量器具等应报监理单位或建设单位审查完毕。

（4）施工图应通过会审、设计交底应完成，施工组织设计方案应已编审完毕。

（5）工程定位测量基准应确立。

第 9.1.2 条   建筑光伏系统工程施工前应编制专项施工组织设计方案。

第 9.1.3 条   开工前应结合工程自身特点制定施工安全、职业健康管理方案和应急预案。室外工程应根据需要制定季节性施工措施。

第 9.1.4 条   安装建筑光伏系统的建筑主体结构应完成验收。

第 9.1.5 条   采用脚手架施工时脚手架方案应与主体结构施工用脚手架相结合，并应经过验收合格后方可使用。

第 9.1.6 条   六级及以上大风、大雪、浓雾等恶劣气候应停止露天起重吊装和高处作业。

第 9.1.7 条   测量放线工作除应符合现行国家标准《工程测量规范》GB 50026 的有关规定外，尚应符合下列规定：

（1）建筑光伏系统的测量应与主体结构的测量相配合，及时调整、分配、消化测量偏差，不得累积。

（2）应定期对安装定位基准进行校核。

（3）测量应在风力不大于四级时进行。

第 9.1.8 条　进场安装的建筑光伏系统的设备、构件和原材料应符合设计要求，经验收合格后方可使用。

第 9.1.9 条　进场的设备、构件和原材料应分类进行保管；电气设备以及钢筋、水泥等材料应存放在干燥、通风场所。

第 9.1.10 条　设备和构件在搬运、吊装时应防止撞击造成损坏，光伏组件和装饰构件的表面应采取保护措施。

第 9.1.11 条　临时堆放在屋顶、楼面的设备、构件和材料应均匀、有序摆放，不得集中放置。

第 9.1.12 条　施工现场临时用电应符合现行国家标准《建设工程施工现场供用电安全规范》GB 50194 的有关规定。

第 9.1.13 条　光伏组件安装的散热空间应符合设计要求。

第 9.1.14 条　对已经安装完成的建筑光伏系统的构件和设备，应采取相应的保护措施。

第 9.1.15 条　施工过程记录及相关试验记录应齐全。

2. 土建工程

第 9.2.1 条　混凝土工程的施工应符合现行国家标准《混凝土结构工程施工质量验收规范》GB 50204 的有关规定。

第 9.2.2 条　钢结构工程的施工应符合现行国家标准《钢结构工程施工质量验收标准》GB 50205 的有关规定。

第 9.2.3 条　铝合金工程的施工应符合现行国家标准《铝合金结构工程施工质量验收规范》GB 50576 的有关规定。

第 9.2.4 条　屋顶光伏发电系统支架连接部件的安装施工不应降低屋面的防水性能。施工损坏的屋面原有防水层应进行修复或重新进行防水处理。

第 9.2.5 条　支架连接部件的施工偏差应符合下列规定：

（1）混凝土基座的尺寸允许偏差应符合表 2-28 的规定。

混凝土基座的尺寸允许偏差　　表 2-28

项目名称	允许偏差（mm）
轴线	±10
顶标高	0，−10
截面尺寸	±20

（2）锚栓、预埋件的尺寸允许偏差应符合表 2-29 的规定。

锚栓、预埋件的尺寸允许偏差　　表 2-29

项目名称		允许偏差（mm）
锚栓	中心线位置	±5
	标高（顶部）	+20.0

续表

项目名称		允许偏差（mm）
预埋钢板	中心线位置	±10
	标高	0，−5

（3）金属屋面夹具的尺寸允许偏差应符合表 2-30 的规定。

金属屋面夹具的尺寸允许偏差   表 2-30

项目名称	允许偏差（mm）
轴线	±10
顶标高	0，−10
外形尺寸	±5

第 9.2.6 条 支架安装应符合下列规定：

（1）应在连接部件验收合格后安装支架。采用现浇混凝土基座时，应在混凝土的强度达到设计强度的 70％以上后安装支架。

（2）支架安装过程中不应破坏防腐涂层。

（3）支架安装过程中不应气割扩孔；热镀锌钢构件，不宜现场切割、开孔。

（4）支架安装的尺寸允许偏差应符合表 2-31 的规定。

支架安装的尺寸允许偏差   表 2-31

项目名称	允许偏差
中心线偏差	±2mm
梁标高偏差（同组）	±3mm
立柱面偏差（同组）	±3mm
平屋顶支架倾斜角度	±1°

第 9.2.7 条 现场宜采用机械连接的安装方式。当采用焊接工艺时，焊接工艺应符合下列规定：

（1）现场焊接时应对影响范围内的型材和光伏组件采取保护措施。

（2）焊接完毕后应对焊缝质量进行检查。

（3）焊接表面应按设计要求进行防腐处理。

第 9.2.8 条 光伏幕墙连接部件和构件的安装施工应符合现行行业标准《玻璃幕墙工程技术规范》JGJ 102 和《玻璃幕墙工程质量检验标准》JGJ/T 139 的有关规定。

第 9.2.9 条 光伏采光顶连接部件和构件的安装施工应符合现行行业标准《采光顶与金属屋面技术规程》JGJ 255 的有关规定。

第 9.2.10 条 光伏遮阳连接部件和构件的安装施工应符合现行行业标准《采光顶与金属屋面技术规程》JGJ 255 和《建筑遮阳通用技术要求》JG/T 274 的有关规定。

3. 电气安装

第 9.3.1 条 电气设备安装时，应对设备进行编号；电缆及线路接引完毕后，应对线路进行标识，各类预留孔洞及电缆管口应进行防火封堵。

第9.3.2条　光伏组件安装除应符合现行国家标准《光伏发电站施工规范》GB 50794 的有关规定外，尚应符合下列规定：

（1）光伏幕墙组件安装的允许偏差应符合现行行业标准《玻璃幕墙工程技术规范》JGJ 102 的规定；光伏采光顶和光伏遮阳组件安装的允许偏差应符合现行行业标准《采光顶与金属屋面技术规程》JGJ 255 的有关规定。

（2）光伏组件在存放、搬运、吊装等过程中应进行防护，不得受到碰撞及重压。

（3）不得在雨中进行光伏组件的连线作业。

（4）接通光伏组件电路后不得局部遮挡光伏组件。

第9.3.3条　汇流箱的安装应符合下列规定：

（1）汇流箱进线端和出线端与汇流箱接地端应进行绝缘测试。

（2）汇流箱内元器件应完好，连接线应无松动。

（3）汇流箱中的开关应处于分断状态，熔断器熔丝不应放入。

（4）汇流箱内光伏组件串的电缆接引前，光伏组件侧和逆变器侧应有明显断开点。

（5）汇流箱与光伏组件串进行电缆连接时，应先接汇流箱内的输入端子，后接光伏组件接插件。

第9.3.4条　逆变器的安装除应符合现行国家标准《电气装置安装工程　盘、柜及二次回路接线施工及验收规范》GB 50171 的有关规定外，尚应符合下列规定：

（1）应检查待安装逆变器的外观、型号、规格。

（2）逆变器柜体应进行接地，单列柜与接地扁钢之间应至少选取两点进行连接。

（3）逆变器交流侧和直流侧电缆接线前应检查电缆绝缘，校对电缆相序和极性。

（4）集中式逆变器直流侧电缆接线前应确认汇流箱侧有明显断开点。

（5）逆变器交流侧电缆接线前应确认并网柜侧有明显断开点。

第9.3.5条　二次设备、盘柜的安装及接线除应符合现行国家标准《电气装置安装工程　盘、柜及二次回路接线施工及验收规范》GB 50171 的有关规定外，尚应符合设计要求。

第9.3.6条　电缆线路的施工应符合现行国家标准《电气装置安装工程　电缆线路施工及验收标准》GB 50168 的有关规定。

第9.3.7条　电缆桥架和线槽的安装应符合下列规定：

（1）槽式大跨距电缆桥架由室外进入室内时，桥架向外的坡度不应小于1/100。

（2）电缆桥架与用电设备跨越时，净距不应小于 0.5m。

（3）两组电缆桥架在同一高度平行敷设时，净距不应小于 0.6m。

（4）电缆桥架宜高出地面 2.5m 以上，桥架顶部距顶棚或其他障碍物不宜小于 0.3m，桥架内横断面的填充率应符合设计要求。

（5）电缆桥架内缆线竖直敷设时，缆线的上端和每间隔 1.5m 处宜固定在桥架的支架上；水平敷设时，在缆线的首、尾、转弯及每间隔 3～5m 处宜进行固定。

（6）槽盖在吊顶内设置时，开启面宜保持 80mm 的垂直净空。

（7）布放在线槽的缆线宜顺直不交叉，缆线不应溢出线槽；缆线进出线槽、转弯处应绑扎固定。

第9.3.8条　低压电器的安装应符合现行国家标准《电气装置安装工程　低压电器施

工及验收规范》GB 50254 的有关规定。

第 9.3.9 条　建筑光伏系统的防雷、接地施工除应符合设计要求和现行国家标准《电气装置安装工程　接地装置施工及验收规范》GB 50169 的有关规定外，尚应符合下列规定：

（1）建筑光伏系统的金属支架应与建筑物接地系统可靠连接或单独设置接地。

（2）带边框的光伏组件应将边框可靠接地，不带边框的光伏组件，固定结构的接地做法应符合设计要求。

（3）盘柜、桥架、汇流箱、逆变器等电气设备的接地应牢固可靠、导电良好，金属盘门应采用裸铜软导线与金属构架或接地排进行接地。

第 9.3.10 条　蓄电池的安装应符合现行国家标准《电气装置安装工程　蓄电池施工及验收规范》GB 50172 的有关规定。

第 9.3.11 条　母线装置的施工应符合现行国家标准《电气装置安装工程　母线装置施工及验收规范》GB 50149 的有关规定。

第 9.3.12 条　电力变压器的安装应符合现行国家标准《电气装置安装工程　电力变压器、油浸电抗器、互感器施工及验收规范》GB 50148 的有关规定。

第 9.3.13 条　高压电器设备的安装应符合现行国家标准《电气装置安装工程　高压电器施工及验收规范》GB 50147 的有关规定。

第 9.3.14 条　环境监测仪的安装除应满足设计文件及产品的技术要求外，尚应符合下列规定：

（1）环境温度传感器应安装在能反映环境温度的位置。

（2）太阳辐射传感器应安装稳固，安装位置应全天无遮挡，安装垂直度偏差不应超过 2°。

（3）风向传感器和风速传感器水平安装时，偏差不应超过 2°。

（4）各类环境监测仪的安装位置应避开建筑的排气口和通风口。

第 9.3.15 条　通信电缆布线应符合下列规定：

（1）通信电缆应采用屏蔽线，不宜与强电电缆共同敷设，线路不宜敷设在易受机械损伤、有腐蚀性介质排放、潮湿以及有强磁场和强静电场干扰的区域，宜使用钢管屏蔽。

（2）线路不宜平行敷设在高温工艺设备、管道的上方和具有腐蚀性液体介质的工艺设备、管道的下方。

（3）监控控制模拟信号回路控制电缆屏蔽层，宜用集中式点接地。

（4）通信电缆与其他低压电缆合用桥架时，应各置一侧，中间宜采用隔板分隔。

2.2.9　《安全防范工程技术标准》GB 50348—2018（节选）

1. 工程施工准备

第 7.1.1 条　安全防范工程施工单位应根据深化设计文件编制施工组织方案，落实项目组成员，并进行技术交底。

第 7.1.2 条　应按照施工组织方案落实设备、器材、辅材的采购和进场。

第 7.1.3 条　进场施工前应对施工现场进行检查，符合下列要求方可进场施工：

（1）施工作业场地、用电等均应符合施工安全作业要求。

（2）施工现场管理需要的办公场地、设备设施存储保管场所、相关工程管理工具部署等均应符合施工管理要求。

（3）使用道路及占用道路（包括横跨道路）情况均应符合施工要求。

（4）允许同杆架设的杆路应符合施工要求。

（5）与项目相关的已施工的预留管道、预留孔洞、地槽及预埋件等均应符合设计和施工要求。

（6）敷设管道电缆和直埋电缆的路由状况应清楚，并已对各管道标出路由标志。

（7）设备、器材、辅材、工具、机械以及通信联络器材等应满足连续施工和阶段施工的要求。

第 7.1.4 条 进场施工前施工人员应熟悉施工图纸及有关资料，包括工程特点、施工方案、工艺要求、施工质量标准及验收标准等。

第 7.1.5 条 进场施工前应对施工人员进行安全教育和文明施工教育。

2. 工程施工

第 7.2.1 条 应按深化设计文件和施工图纸进行施工，不得随意更改。当工程变更时，应填写更改审核单并经批准。更改审核单应对更改内容、更改原因、更改情况等进行详细说明。

第 7.2.2 条 工程施工中应做好隐蔽工程的随工验收，并填写隐蔽工程随工验收单，经会签后方可生效。隐蔽工程随工验收单应对隐蔽工程内容、检查结果等进行详细说明。

第 7.2.3 条 管（槽）、沟、井、杆、机柜（箱）的施工应符合本标准第 6.13.5 条的规定。

第 7.2.4 条 线缆敷设应符合下列规定。

（1）线缆敷设前应就线缆进行导通测试。

（2）线缆敷设应符合本标准第 6.13.4 条的规定，线缆应自然平直布放，不应交叉缠绕、打圈，牵引力均衡。

（3）线缆接续点和终端应进行统一编号、设置永久标识，线缆两端、检修孔等位置应设置标签。

（4）同轴电缆应一线到位，中间无接头。

（5）多芯电缆的弯曲半径应大于其外径的 6 倍，同轴电缆的弯曲半径应大于其外径的 15 倍，4 对型网络数据电缆的弯曲半径应大于其外径的 4 倍，光缆的弯曲半径应大于光缆外径的 10 倍。

（6）光缆敷设应符合下列规定：

1）敷设光缆前应对光纤进行检查，光纤应无断点，其衰耗值应满足设计要求；核对光缆长度，并应根据施工图的敷设长度来选配光缆；配盘时应使接头避开河沟、交通要道和其他障碍物；架空光缆的接头应设在杆旁 1m 以内。

2）敷设时应对光缆的牵引端头做好技术处理，应合理控制牵引力和牵引速度；牵引力加在加强芯上，其牵引力不应大于 150kg，牵引速度应为 10m/min；一次牵引的直线长度不应大于 1km，光纤接头的预留长度不应小于 8m。

（7）穿管（槽）线缆敷设应符合下列规定：

1）线缆穿管前应检查保护管是否畅通，管口应加护圈，防止穿管时损伤导线。

2）导线在管内或线槽内不应有接头和扭结。导线接头应在接线盒内焊接或用端子连接。

（8）架空线缆和直埋线缆敷设应符合本标准的规定。

（9）电缆沟线缆敷设，应敷设在沟道内的支架上或线槽内。当线缆进入建筑物后．线缆沟道与建筑物间应隔离密封。

（10）管道线缆敷设应先清刷管道，不留有杂物。

（11）特殊环境线缆敷设应符合下列规定：

1）跨越河流敷设的线缆，当有桥梁时应采用桥上管道或槽道敷设方式，在桥身伸缩接口处对敷设线缆作 3～5 个"S"弯的处理措施。

2）可能发生位移的土壤中（如沼泽地、流砂、大型建筑物附近）敷设线缆，应采取预留线缆长度、用板桩或排桩加固土壤等措施消除因土壤位移作用在线缆上的应力。

3）对于古建筑、石窟寺及石刻、古文化遗址、古墓葬等文物保护单位，应避免在文物本体上敷设管线；确需敷设时，应经文物管理部门同意，应尽可能减少对文物本体和环境的影响。

（12）在研制、生产、使用、储存、经营和运输过程中可能出现易燃易爆的特殊环境，应按现行国家标准的有关规定，进行危险源辨识，根据其规定的危险场所分类，采用相对应的材料，保持安全距离，合理规划管线敷设的位置，严格遵守所规定的施工工艺方法。

第 7.2.5 条   设备安装应符合下列规定：

（1）设备安装前应对设备进行规格型号检查、通电测试。设备安装应平稳、牢固、便于操作维护，避免人身伤害，并与周边环境相协调。

（2）实体防护设备安装应符合下列规定：

1）建（构）筑物和土木结构类的实体防护屏障施工应符合设计施工图的要求。

2）实体防护加工制作的人工屏障、设备、装置的安装等应满足国家、行业相关施工标准及产品说明书、安装工艺等要求。

3）应避免对既有建（构）筑物、管线、水电气热设备等造成破坏。

（3）入侵和紧急报警设备安装应符合下列规定：

1）各类探测器的安装点（位置和高度）应符合所选产品的特性、警戒范围要求和环境影响等。

2）入侵探测器的安装，应确保对防护区域的有效覆盖，当多个探测器的探测范围有交叉覆盖时应避免相互干扰。

3）周界入侵探测器的安装，应能保证防区交叉，避免盲区。

4）需要隐蔽安装的紧急按钮，应便于操作。

（4）视频监控设备安装应符合下列规定：

1）摄像机、拾音器的安装具体地点、安装高度应满足监视目标视场范围要求，注意防破坏。

2）在强电磁干扰环境下，摄像机安装应与地绝缘隔离。

3）电梯厢内摄像机的安装位置及方向应能满足对乘员有效监视的要求。

4）信号线和电源线应分别引入，外露部分应用软管保护，并不影响云台转动。

5）摄像机辅助光源等的安装不应影响行人、车辆正常通行。

6）云台转动角度范围应满足监视范围的要求。

7）云台应运转灵活、运行平稳。云台转动时监视画面应无明显抖动。

（5）出入口控制设备安装应符合下列规定：

1）各类识读装置的安装应便于识读操作。

2）感应式识读装置在安装时应注意可感应范围，不得靠近高频、强磁场。

3）受控区内出门按钮的安装，应保证在受控区外不能通过识读装置的过线孔触及出门按钮的信号线。

4）锁具安装应保证在防护面外无法拆卸。

（6）停车库（场）安全管理设备安装应符合下列规定：

1）读卡机（IC 卡机、磁卡机、出票读卡机、验卡票机）与挡车器安装应平整，保持与水平面垂直、不得倾斜，读卡机应方便驾驶员读卡操作；当安装在室外时，应考虑防水及防撞措施。

2）读卡机与挡车器的中心间距应符合设计要求或产品使用要求。

3）读卡机（IC 卡机、磁卡机、出票读卡机、验卡票机）与挡车器感应线圈埋设位置与埋设深度应符合设计要求或产品使用要求；感应线圈至机箱处的线缆应采用金属管保护，并注意与环境相协调。

4）智能摄像机安装的位置、角度，应满足车辆号牌字符、号牌颜色、车身颜色、车辆特征、人员特征等相关信息采集的需要。

5）车位状况信号指示器应安装在车道出入口的明显位置。安装在室外时，应考虑防水措施。

6）车位引导显示器应安装在车道中央上方，便于识别与引导。

7）停车库（场）内其他安防设备安装应符合本标准相关规定。

（7）楼寓对讲设备安装应符合下列规定：

1）访客呼叫机、用户接收机的安装位置、高度应合理设置。

2）应调整访客呼叫机内置摄像机的方位和视角于最佳位置。

（8）电子巡查设备安装应符合下列规定：

1）在线巡查或离线巡查的信息采集点（巡查点）的位置应合理设置。

2）现场设备的安装位置应易于操作，注意防破坏。

（9）防爆安全检查设备安装应符合下列规定：

1）X 射线行李检查设备的安装场地地面应平整。

2）承重和空间应能满足设备重量、尺寸、通道的要求。

3）通过式金属探测门设备的安装应选择平整、坚实的场地，落地应平稳，机械连接和构件应牢固。

第 7.2.6 条　监控中心设备安装应符合下列规定：

（1）控制、显示等设备屏幕应避免光线直射，当不可避免时，应采取避光措施；在控制台、机柜（架）、电视墙内安装的设备应有通风散热措施，内部接插件与设备连接应牢靠。

（2）控制台、机柜（架）、电视墙不应直接安装在活动地板上。

（3）设备金属外壳、机架、机柜、配线架、各类金属管道、金属线槽、建筑物金属结构等应进行等电位联结并接地。

（4）设备间设备安装应考虑设备安置面的承重能力，必要时应安装散力架。

（5）显示屏的拼接缝、平整度、拼接误差等应符合现行国家标准《视频显示系统工程技术规范》GB 50464 的有关规定。

（6）线缆的走线、绑扎、预留等应符合现行行业标准《安防线缆应用技术要求》GA/T 1406 的有关规定。

第 7.2.7 条　供电、防雷与接地施工应符合下列规定：

（1）系统的供电设施应符合本标准的规定；摄像机等设备宜采用集中供电，当供电线（低压供电）与控制线合用多芯线时，多芯线与视频线可一起敷设。

（2）系统防雷与接地设施的施工应按本标准第 6.11 节的相关要求进行。

（3）当接地电阻达不到要求时，应在接地极回填土中加入无腐蚀性长效降阻剂；当仍达不到要求时，应经过设计单位的同意，采取更换接地装置的措施。

（4）监控中心内接地汇集环或汇集排的安装应符合本标准第 6.11.5 条的规定，安装应平整。接地母线的安装应符合本标准第 6.11.3 条的规定，并用螺丝固定。

（5）室外设备应按设计文件要求进行防雷与接地施工，并应符合本标准第 6.11 节的相关规定。

第 7.2.8 条　线缆接续连接应符合下列规定：

（1）电缆与电气设备之间的连接，连接器件应与电气设备的性能相符，电缆外接部分不得外露，并留有适当余量。

（2）电缆连接和中间接续应符合现行行业标准《安防线缆应用技术要求》GA/T 1406 的有关规定，做到线序正确、连接可靠、密封良好。

（3）网络数据电缆连接应按同家现行标准《综合布线系统工程验收规范》GB 50312 和《安防线缆应用技术要求》GA/T 1406 的有关规定执行。

（4）光缆接续应符合下列规定：

1）光缆敷设后，应检查光纤有无损伤。

2）应采用熔接方式接续；不得损伤光纤，纤序对应相接，应采用光功率计或其他仪器进行监视，使接续损耗达到最小。

3）光缆加强芯在接头盒内必须固定牢固，光缆熔接处应加以保护和固定。

4）光缆接续完成后，应测量通道的总损耗，宜测量接续点的损耗，并记录光纤通道全程波导衰减特性曲线。

2.2.10 《网络电视工程技术规范》GB/T 51252—2017（节选）

1. 机房及环境要求

第 5.1.1 条　设备安装地点应选择在便于维护管理和安装的专用机房内，机房的设计应符合国家现行标准《数据中心设计规范》GB 50174、《数据中心基础设施施工及验收规范》GB 50462、《通信建筑工程设计规范》YD 5003 的有关规定。

第 5.1.2 条　机房室温宜为（23±2）℃，相对湿度宜为（55±15）％。

第 5.1.3 条　机房内净高不宜小于 3.0m，机房楼板活荷载不宜小于 8kN/m²。

第 5.1.4 条　网络电视系统设备应由不间断电源系统供电，不间断电源系统应有自动和手动旁路装置；当市电发生故障时，可选择油机作为备用电源。

第 5.1.5 条　机房内地板或地面应有静电泄放措施和接地构造，防静电地板或地面的表面电阻或体积电阻应为 $2.5 \times 10^4 \sim 1.0 \times 10^9 \Omega$，并应具有防火、环保、耐污耐磨性能。

第5.1.6条　机房内供电设计、照明设计和弱电设计应符合现行行业标准《通信建筑工程设计规范》YD/T 5003 的有关规定。

第5.1.7条　机房内所有设备可导电金属外壳、各类金属管道、金属线槽、建筑物金属结构应进行等电位连接并接地。

第5.1.8条　室外安装的安全防范系统设备应采取有防雷电保护措施，电源线、信号线应使用屏蔽电缆，避雷装置和电缆屏蔽层应采取接地措施，机房的防雷 接地应符合现行行业标准《通信局（站）防雷与接地工程设计规范》YD 5098 的有关规定。

第5.1.9条　机房的防火要求应符合国家现行标准《建筑设计防火规范》GB 50016 及《邮电建筑设计防火标准》YD 5002 的有关规定，机房宜设置洁净气体灭火系统，机房内不得存放易燃易爆等危险品。

第5.1.10条　抗震措施应符合工程设计要求，并应符合现行行业标准《电信设备安装抗震设计规范》YD 5059 的有关规定。

第5.1.11条　安全防范系统宜由视频安防监控系统、入侵报警系统和出入口控制系统组成，各系统之间应具备联动控制功能。

2. 安装要求

第5.2.1条　电缆走道及槽道的位置、高度应符合工程设计文件要求。

第5.2.2条　电缆走道的安装应符合下列规定：

（1）电缆走道应平直，无明显起伏、扭曲和歪斜。

（2）电缆走道与墙壁或机列应保持平行，每米水平误差不应大于 2mm。

（3）吊挂安装应符合工程设计要求，并应垂直、整齐、牢固。

（4）地面支柱安装应垂直稳固，垂直偏差不应大于 1.5‰；同一方向立柱应在同一条直线上。

（5）电缆走道的侧旁支撑、终端加固角钢的安装应牢固、端正、平直。

（6）沿墙水平电缆走道应与地面平行，沿墙垂直电缆走道应与地面垂直。

第5.2.3条　槽道安装应平直、牢固，列槽道应成一直线，两槽并接处水平偏差不应大于 2mm。

第5.2.4条　设备安装位置应符合工程设计要求。

第5.2.5条　设备机架列间距应考虑工艺设备维护空间、用户安全隔离需求，还应根据机架装机功率密度的大小，合理选择列间距。

第5.2.6条　设备机架安装的抗震加固措施应符合工程设计要求，并应符合现行行业标准《电信设备安装抗震设计规范》YD 5059 的有关规定，各直列上、下两端垂直倾斜误差不应大于 3mm。

第5.2.7条　同列机架的设备面板应处于同一平面上，相邻机架的缝隙不应大于 3mm 并保持机柜门开合顺畅。

第5.2.8条　所有紧固件应拧紧，同一类螺栓露出的长度应一致。

第5.2.9条　地线与铁架连接应加弹簧垫片保证接触良好。

第5.2.10条　机房线缆布放应采用上走线方式，线缆布放时应采用走线架，走线架应选择开放式线架，宜设置二层走线架。

第5.2.11条　走线架应整体规划，整体走线架设施不应影响机房空调气流组织。走线架及走线槽道的安装设计应符合现行行业标准《电信机房铁架安装设计标准》YD/T 5026、《电信设备安装抗震设计规范》YD 5059 的有关规定。

第5.2.12条　走线架、线槽和护管的弯曲半径不应小于线缆最小允许弯曲半径，敷设应符合现行国家标准《建筑电气工程施工质量验收规范》GB 50303 的有关规定。在活动地板下敷设时，电缆桥架或线槽底部不宜紧贴地面。

第5.2.13条　机房内走线应减少交叉，布线应整齐；交、直流电源的电力电缆应分开布放；电力电缆与信号线缆应分开布放，间距不应小于 150mm。当必须交叉时，应采取隔离措施分开走线，保持地槽或走线架清洁、整齐、干燥。

第5.2.14条　机房内布线绝缘不应小于 20MΩ。

第5.2.15条　电源线布放应符合下列规定：

（1）各类电源电缆的规格、型号应符合工程设计要求。

（2）采用的电力电缆，应是整条电缆料，不得中间接头；且电缆外皮应完整，芯线及金属护层对地的绝缘电阻应符合出厂要求。

（3）电力电缆拐弯应圆滑均匀，铠装电缆的弯曲半径应大于或等于其直径的 12 倍，塑包电缆及其他软电缆的弯曲半径应大于电缆直径的 6 倍。

（4）当采用铜、铝汇流条馈电时，汇流条的截面积应符合设计要求，且表面应光洁平整，无锈蚀、裂纹和气泡。

（5）设备电源引入线应利用自带的电源线；当设备电源线引入孔在机顶时，可沿机架顶上顺直成把布放。

（6）当馈电母线为铜、铝汇流条时，设备电源引入线应从汇流条的背面引下，连接螺栓应从面板方向穿向背面，连接紧固正负引线和地线应顺直并拢；电缆两端应采用焊接或压接与铜接头可靠连接，并应在两端设置明确标志。

第5.2.16条　信号线及控制线布放应符合下列规定：

（1）线缆规格、型号、数量应符合工程设计要求。

（2）布放线缆应有序、顺直、整齐，避免交叉纠缠。

（3）线缆弯曲应均匀、圆滑一致，弯曲半径宜大于 60mm。

（4）线缆两端应有明确标志。

第5.2.17条　接地线敷设应符合下列规定：

（1）接地引接线截面积应符合工程设计要求，宜使用热镀锌扁钢、多股铜芯电缆或铜条。

（2）机房内应采用联合接地系统，保护地及电源工作地均应由室内同一接地系统引出。

（3）机架接地线宜采用 16mm² 的多股铜线，机架内设备应就近由机架汇流排接地。

（4）接地线布放宜短、直，多余导线应截断，所有连接应使用铜接头或连接器连接，铜接头应可靠压接或焊接。

第5.2.18条　光纤布放应符合下列规定：

（1）光纤的规格、程式应符合设计规定，技术指标应符合设计文件及技术规范书的要求。

（2）光纤布放的路由走向应符合设计文件的规定。

（3）光纤应布放在光纤专用槽道。

（4）光纤在槽道内应顺直，不应扭绞。

（5）槽道内光纤拐弯处的布放曲率半径不应小于 40mm。

（6）光纤两端的预留长度应满足维护要求；盘放曲率半径不应小于 40mm，不应扭绞。

2.2.11　《信息栏工程技术标准》JGJ/T 424—2017（节选）

1. 一般规定

第 6.1.1 条　信息栏工程的施工应符合设计要求，并应符合国家现行相关施工及验收规范的规定。

第 6.1.2 条　在既有建筑物上安装附建式信息栏时，应根据建筑结构的实际情况合理确定安装方法。

2. 混凝土基础施工

第 6.2.1 条　混凝土配合比应根据原材料性能、设计和施工条件等求确定，并应符合现行行业标准《普通混凝土配合比设计规程》JGJ 55 的规定。

第 6.2.2 条　混凝土浇筑时应采用插入式振动器振实。冬季在混凝土浇筑前，应清除模板、钢筋上的冰雪和污垢，成型后应按冬季混凝土养护的规定进行养护。

第 6.2.3 条　基础内柱脚锚栓的埋设应有固定措施，且应对锚栓的螺杆部分采取保护措施。

第 6.2.4 条　用于结构（构件）混凝土抗压强度检验的试件，应在混凝土浇筑地点随机抽样制作，并以标准条件下养护 28d 龄期的抗压强度进行评定，抗压强度应符合现行国家标准《混凝土强度检验评定标准》GB/T 50107 的有关规定。

第 6.2.5 条　受力预埋件的锚筋应采用 HRB335 级或 HRB400 级钢筋，应采用冷加工钢筋。锚板宜采用 Q235 钢，受力直锚筋不应少于 4 根，直锚筋与锚板应采用 T 形焊。

第 6.2.6 条　基础施工完毕后应及时进行回填土施工。回填土应分层压实，压实系数不应小于 0.90。

3. 结构制作

第 6.3.1 条　信息栏工程金属结构制作应符合下列规定：

（1）主体金属结构或标准单元件的加工制作应在工厂内进行。

（2）金属构件的焊接坡口、切口质量和焊接质量，应符合现行国家标准《钢结构焊接规范》GB 50661 的有关规定。

（3）金属构件的断料、切剂、制孔、组装的制作质量，应符合国家现行标准《钢结构工程施工质量验收标准》GB 50205、《铝合金结构工程施工规程》JGJ/T 216 的有关规定。

（4）立柱、横梁等重要受力构件及对接焊缝的焊缝质量等级应按二级质量等级执行，其他构件的焊缝质量等级应按三级质量等级执行。

（5）信息栏框架实测项目及允许偏差应符合表 2-32 的规定。

信息栏框架实测项目及允许偏差　　表 2-32

检查项目		允许偏差(mm)	检验方法
框架长度和宽度(mm)	≤2000	±2.0	钢尺检查
	>2000	±3.0	
对角线长度差(mm)	≤2000	≤3.0	钢尺检查
	>2000	≤4.5	
杆件组装间隙		≤0.5	塞尺
杆件接缝高度差		≤0.5	钢直尺、深度卡尺
面板平整度(mm)	≤2000	≤1/1000,且不大于 3.0	水平尺
	>2000	≤1/1000,且不大于 8.0	
安装孔距		±2.5	钢尺检查

第 6.3.2 条　信息栏设施金属结构件表面防腐处理应符合下列规定：

（1）框架构件采用防腐涂料涂装时，构件各种底漆或防锈漆要求最低除锈等级应符合表 2-33 的规定。

（2）采用镀锌钢板制作的框架，其焊道、制孔及断料边缘部位，必须进行打磨和局部抛光除锈。并应在涂装前作补锌处理。

（3）框架构件的表面防腐涂装，应在构件加工完成、检验合格后进行。表面防腐涂装后的构件再次加工时，应对加工面重新进行防腐处理。

（4）构件在进入热浸镀锌之前，应对构件进行电解酸洗处理，使基体金属表面干净、光滑，不得有毛刺、满瘤和多余结块，并不得有过酸洗或露铁等缺陷。

（5）框架采用镀锌和静电粉末喷涂作涂装时，其锌层及静电粉末喷涂层厚度，应符合表 2-34 的规定。采用油漆涂装时，其底漆和面漆涂层的厚度，应符合表 2-35 的规定。

（6）涂层表面应光洁平整，涂层应均匀、无明显皱皮、流坠、气泡、针眼、色泽不均、脱皮和露底等现象。

各种底漆或防锈漆要求最低除锈等级　　表 2-33

涂料品种	除锈等级
油性酚醛、醇酸等底漆或防锈漆	St2
高氯化聚乙烯、氯化橡胶、氯磺化聚乙烯、环氧树脂、聚氨酯等底漆或防锈漆	Sa2
无机富锌、有机硅、过氯乙烯等底漆	$Sa2\frac{1}{2}$

镀锌层及静电粉末喷涂层厚度　　表 2-34

部位	镀锌层平均厚度(μm)	热固性饱和聚酯粉末涂层(μm)
室内	≥70	≥60
室外		≥80

底漆、面漆涂层厚度　　表 2-35

部位	底漆(环氧)涂层厚度(μm)	面漆(氟碳)涂层厚度(μm)
室内	≥70	≥80
室外	—	≥90

4. 信息栏安装

第 6.4.1 条　信息栏的安装位置应与现有管线保持安全距离，并应符合国家现行相关标准的规定。信息栏在安装前，必须做好对地上、地下管线的了解和保护工作。

第 6.4.2 条 信息栏与 10kV 架空线路边线的垂直净距不应小于 3m，水平净距不应小于 2m，与低压导线或通信电缆净距不应小于 1.5m。

第 6.4.3 条 信息栏设施安装时，应采取可靠的安全防范措施。高空作业应按现行行业标准《建筑施工高处作业安装技术规范》JGJ 80 执行。

第 6.4.4 条 独立式信息栏金属结构安装时，应在基础混凝土达到设计强度后，方可进行上部结构件的吊装。构件吊装就位后，应及时安装支撑构件，保证结构的稳定。

第 6.4.5 条 采用非常规起重设备、方法，或采用起重机械吊装，其单件起重量在 10kN 及以上，且起吊高度大于 20m 的吊装作业，应编制专项施工方案，并应组织专家论证。

第 6.4.6 条 信息栏立柱现场焊缝质量应符合设计要求和本标准的规定。构件焊接区表面潮湿或冰雪应清除干净，雨雪天气禁止露天施焊。风速大于或等于 8m/s（CO_2 气体保护焊风速大于 2m/s）时，焊接时应采取防风措施。

第 6.4.7 条 信息栏工程结构采用钢结构高强度螺栓连接时，应按现行国家标准《钢结构工程施工质量验收标准》GB 50205 执行。

第 6.4.8 条 信息栏结构采用法兰盘连接形式，法兰盘接触面的紧合率不得低于 70%，且边缘最大间隙不得大于 1.0mm。

第 6.4.9 条 信息栏采用化学锚栓锚固应符合下列规定：

（1）应以普通混凝土作为化学锚栓锚固的基材，并且基材的混凝土强度等级不应低于 C20。结构抹灰层、砖砌体、轻质混凝土结构、装饰层等不得作为化学锚栓的锚固基材。

（2）化学锚栓锚固胶的锚固性能应通过专门的试验确定。对获准使用的锚固胶，除说明书规定可以掺入定量的掺和剂（填料）外，现场施工中不宜随意增添掺料。

（3）锚孔施工时应避开受力主筋，锚孔施工质量及锚栓锚固深度应符合产品的技术要求。对于废孔，应用化学锚固胶或高强度等级的树脂水泥砂浆填实。

（4）化学锚栓植入锚孔后，应按照生产厂规定的养生要求进行固化养生。固化期间禁止扰动，且不得对螺杆扰动和对螺杆部位进行电焊。

（5）化学锚栓安装后应按现行行业标准《混凝土结构后锚固技术规程》JGJ 145 的规定进行抗拉拔性能试验。

第 6.4.10 条 信息栏结构梁、柱安装允许偏差应符合表 2-36 的规定。

结构梁、柱安装允许偏差   表 2-36

序号	项目	允许偏差（mm）
1	立柱垂直度	≤$H/1000$（H 为高度）
2	横梁水平度	≤$L/1000$（L 为跨度）

第 6.4.11 条 触摸屏（电子阅报屏、电子信息屏）的安装应符合下列规定：

（1）安装触摸屏的工作环境周围应空气畅通，且在主机的 1.0m 半径范围内应通风良好；

（2）触摸屏安装时应与地面或墙面可靠固定，防止在使用过程中由于外力作用的倒伏和振动；

（3）触摸屏的供电电源应做接地保护，且电源与信号源应接同一地线，室外的触摸屏安装时应设置接地装置。

第6.4.12条　LED显示屏信息栏的安装应符合下列规定：

（1）显示屏屏体的安装应根据现场实际情况确定安装方式。安装结构应采用钢构架或钢筋混凝土结构，且应预留维修空间。

（2）显示屏屏体应安装在可靠、稳固、平整的专用钢构架或设置牢固的支持杆及悬挂装置上。

（3）显示屏屏体安装前，应对显示屏的钢构架或建筑基础的结构进行验收，符合设计和本标准要求方可进行安装。

（4）待安装的显示屏屏体表面应无擦伤，箱体及箱门无变形。

（5）采用多个箱体组合的信息栏显示屏，各箱体应以螺栓或其他有效的措施在屏杆（或节点）上进行固定和紧固。

（6）LED显示屏屏体的安装精度应符合表2-37的规定。

LED显示屏屏体的安装精度

表2-37

序号	项目		室内LED显示屏	室外LED显示屏
1	平整度（mm）		相邻箱体≤0.3，全长≤1.0	相邻箱体≤0.5，全长≤1.5
2	相邻箱体间像素中心距相对偏差（mm）		<7.5%	<10%
3	垂直度（全长）	正面（mm）	≤0.5/1000，且不大于3.0	≤1/1000，且不大于5.0
		侧面（mm）	≤0.5/1000，且不大于1.5	≤1/1000，且不大于3.0

（7）室外LED显示屏的箱体与箱体、屏体与建筑的结合部位应进行防水密封处理。

5　电气及防雷施工

第6.5.1条　信息栏的灯具、电器、配电箱及电线、电缆等的安装工程，应符合现行国家标准《建筑电气工程施工质量验收规范》GB 50303的规定，接地装置的施工应符合现行国家标准《电气装置安装工程　接地装置施工及验收规范》GB 50169的规定。

第6.5.2条　埋地敷设的镀锌钢质保护套管的壁厚不应小于2.5mm，埋深不宜小于0.7m。明敷于建（构）筑物或构架表面的钢质护套管，应采用管卡或电焊与建（构）筑物或构架可靠固定。

第6.5.3条　照明、配电线路的保护套管应采用管卡与构架可靠固定，管卡间的间距不应大于1.5m。

第6.5.4条　信息栏的防雷接地装置的施工应按设计要求进行，接地系统应形成等电位联结，并应符合现行国家标准《建筑物防雷工程施工与质量验收规范》GB 50601、《建筑物电子信息系统防雷技术规范》GB 50343的有关规定。

2.2.12　《建筑防火封堵应用技术标准》GB/T 51410—2020（节选）

1. 施工一般规定

第6.1.1条　建筑防火封堵施工应按照设计文件、相应产品的技术说明和操作规程以及防火封堵组件的构造要求进行。

第6.1.2条　施工前，施工单位应做好下列准备工作：

（1）应按设计文件和相应产品的技术说明确认并修整现场条件，制定具体的施工方案，并经监理单位审核批准后组织实施。

（2）应逐一查验防火封堵材料、辅助材料的适用性、技术说明。

（3）当被贯穿体类型和厚度、贯穿孔口尺寸、贯穿物类型和数量等现场条件与设计要求不一致时，施工单位应告知设计单位，并由设计单位出具变更设计文件。

（4）应根据工艺要求和现场情况准备施工机械、工具和安全防护设施等必要的作业条件。对施工现场可能产生的危害制定应急预案，并进行交底、培训和必要的演练。

第 6.1.3 条　施工期间，应根据现场情况采取防止污染地面、墙面及建筑其他构件或结构表面的防护措施。

第 6.1.4 条　对重要工序和关键部位应加强质量检查，并应按照本标准附录 A 填写施工过程检查记录，宜同时留存图像资料。隐蔽工程中的防火封堵应在隐蔽工程封闭前进行中间验收，并应按照本标准附录 B 填写相应的隐蔽工程质量验收记录。

第 6.1.5 条　建筑防火封堵工程的竣工验收应符合建设工程施工验收的有关程序。

2. 施工

第 6.2.1 条　封堵作业前，应清理建筑缝隙、贯穿孔口、贯穿物和被贯穿体的表面，去除杂物、油脂、结构上的松动物体，并应保持干燥。需要养护的封堵部位应在封堵作业后按照产品使用要求进行养护，并应在养护期间采取防止外部扰动的措施。

第 6.2.2 条　背衬材料采用矿物棉时，应按下列规定进行施工：

（1）矿物棉压缩不应小于自然状态的 30%，且压缩后的矿物棉厚度应稍大于封堵部位缝隙的宽度，并应符合本标准第 3.0.3 条的规定。

（2）压实后的矿物棉应顺挤压面塞入封堵部位，矿物棉应靠其回胀力阻止脱落，并应与待封堵部位的表面齐平。

（3）填塞的矿物棉应经监理人员验证其阻止脱落的性能后方能进行下一步的防火封堵施工。

第 6.2.3 条　无机堵料应按下列顺序和要求进行施工：

（1）在封堵部位应设置临时或永久性的挡板。

（2）应按照产品使用要求加水均匀搅拌无机堵料。

（3）应将搅拌后的无机堵料灌注到封堵的部位，并抹平表面；应在无机堵料养护周期满后再封堵无机堵料与贯穿物、被贯穿体之间的缝隙，并应符合本标准第 3.0.4 条的规定。

第 6.2.4 条　柔性有机堵料和防火密封胶应按下列顺序和要求进行施工：

（1）应按照本标准第 6.2.2 条的规定采用矿物棉填塞封堵部位。

（2）应采用挤胶枪等工具填入堵料，抹平表面，并应符合本标准第 3.0.5 条和第 3.0.6 条的规定。

第 6.2.5 条　防火密封漆应按下列顺序和要求进行施工：

（1）应按照本标准第 6.2.2 条的规定采用矿物棉填塞封堵部位。

（2）应采用刷子或喷涂设备等均匀涂覆堵料，厚度、搭接宽度均应符合本标准第 3.0.7 条的规定。

第 6.2.6 条　阻火模块、阻火包应按下列顺序和要求进行施工：

（1）阻火模块应交错堆砌，并应按照产品使用要求牢固粘接。

（2）应封堵阻火模块、阻火包与贯穿物、被贯穿体之间的缝隙，并应符合本标准第3.0.8条的规定。

第6.2.7条 防火封堵板材应按下列顺序和要求进行施工：

（1）应按封堵部位的形状和尺寸剪裁板材，并应对切割边进行钝化处理。

（2）应在板材安装后按照相应产品的使用技术要求封堵板材与贯穿物、被贯穿体之间的缝隙，并应符合本标准第3.0.9条的规定。

第6.2.8条 泡沫封堵材料应按下列顺序和要求进行施工：

（1）在封堵部位应设置临时或永久性的挡板。

（2）应按本标准第3.0.10条的规定将混合后的材料灌注到封堵的部位。

第6.2.9条 阻火圈应按下列顺序和要求进行施工：

（1）应按照设计要求在管道贯穿部位的环形间隙内紧密填塞防火封堵材料。

（2）应将阻火圈套在贯穿管道上。

（3）应采用膨胀螺栓将阻火圈固定在建筑结构或构件上。

第6.2.10条 阻火包带应按下列顺序和要求进行施工：

（1）应按照产品使用要求将阻火包带缠绕到贯穿物上，并应缓慢推入贯穿部位的环形间隙内，或在阻火包带外采用具有防火性能的专用箍圈固定。

（2）应采用具有膨胀性的柔性有机堵料或防火密封胶封堵贯穿部位的环形间隙，并应符合本标准第3.0.5条和第3.0.6条的规定。

第3节　施工安全标准

2.3.1　《建筑施工易发事故防治安全标准》JGJ/T 429—2018（节选）

1. 坍塌

第4.1.1条 施工现场物料堆放应整齐稳固，严禁超高。模板、钢管、木方、砌块等堆放高度不应大于2m，钢筋堆放高度不应大于1.2m，堆积物应采取固定措施。

第4.1.2条 建筑施工临时结构应遵循先设计后施工的原则，并应进行安全技术分析，保证其在设计规定的使用工况下保持整体稳定性。

第4.1.3条 楼板、屋面等结构物上堆放建筑材料、模板、小型施工机具或其他物料时，应控制堆放数量、重量，严禁超过原设计荷载，必要时可进行加固。

第4.1.5条 施工现场应进行施工区域内临时排水系统规划，临时排水不得破坏挖填土方的边坡。在地形、地质条件复杂，可能发生滑坡、坍塌的地段挖方时，应确定排水方案。场地周围出现地表水汇流、排泄或地下水管渗漏时，应采取有组织堵水、排水和疏水措施，并应对基坑采取保护措施。

第4.1.7条 施工现场物料不宜堆置在基坑边缘、边坡坡顶、桩孔边，当需堆置时，堆置的重量和距离应符合设计规定。各类施工机械距基坑边缘、边坡坡顶、桩孔边的距离，应根据设备重量、支护结构、土质情况按设计要求进行确定，且不宜小于1.5mn。

第4.1.10条 各种安全防护棚上严禁堆放物料，使用期间棚顶严禁上人。

第4.7.1条 悬挑式操作平台的悬挑长度不宜大于5m，其搁置点、拉结点、支撑点应可靠设置在主体结构上。

第4.7.2条 斜拉式悬挑操作平台应在平台两侧各设置两道斜拉钢丝绳；支承式悬挑

操作平台应在下部设置不少于两道斜撑；悬臂式操作平台应采用型钢梁或桁架梁作为悬挑主梁，不得使用脚手架钢管。

第 4.7.3 条　落地式操作平台应设置连墙件和剪刀撑。

第 4.7.4 条　操作平台投入使用时，应在平台的明显位置处设置限载标志，物料应及时转运，不得超重与超高堆放。

第 4.8.1 条　施工现场供人员使用的临时建筑应稳定、可靠，应能抵御大风、雨雪、冰雹等恶劣天气的侵袭，不得采用钢管、毛竹、三合板、石棉瓦等搭设简易的临时建筑物，不得将夹芯板作为活动房的竖向承重构件使用。临时建筑层数不宜超过 2 层。

第 4.8.2 条　临时建筑布置不得选择在易发生滑坡、泥石流、山洪等危险地段和低洼积水区域，应避开河沟、高边坡、深基坑边缘。

第 4.8.3 条　施工现场临时建筑的地基基础应稳固。严禁在临时建筑基础及其影响范围内进行开挖作业。

第 4.8.4 条　围挡宜选用彩钢板等轻质材料，围挡外侧为街道或行人通道时，应采取加固措施。

第 4.8.5 条　弃土及物料堆放应远离围挡，围挡外侧应有禁止人群停留、聚集和堆砌土方、货物等警示标志。严禁在施工围挡上方或紧靠施工围挡架设广告或宣传标牌。

第 4.8.6 条　餐厅、资料室应设置在临时建筑的底层，会议室宜设在临时建筑的底层。

第 4.8.7 条　在影响临时建筑安全的区域内堆置物不得超重堆载，严禁堆土、堆放材料、停放施工机械，并不应有强夯、混凝土输送等振动源产生的振动影响。

第 4.8.8 条　施工现场使用的组装式活动房屋应有产品合格证，在组装完成后应进行验收，经验收合格后方可使用。活动房使用荷载不得超过其设计允许荷载。

第 4.8.9 条　搭设在空旷、山脚处的活动房应采取防风、防洪和防暴雨等措施。

第 4.8.10 条　临时建筑严禁设置在建筑起重机械安装、使用和拆除期间可能倒塌覆盖的范围内。

2. 高处坠落

第 5.1.4 条　操作平台四周应设置防护栏杆，脚手板应铺满、铺稳、铺实、铺平并绑牢或扣紧，严禁出现大于 150mm 探头板，并应布置登高扶梯。装设轮子的移动式操作平台，轮子与平台的接合处应牢固可靠，并有自锁功能。移动式操作平台移动时以及悬挑式操作平台调运或安装时，平台上不得站人。

第 5.1.5 条　安全网质量应符合现行国家标准《安全网》GB 5725 规定，安装和使用安全网应符合下列规定：

（1）安全网安装应系挂安全网的受力主绳，与支撑件的拉结应牢固，其间距和张力应符合相关规定，不得系挂网格绳，安装完毕应进行检查、验收。

（2）安全网安装或拆除作业应根据现场条件采取防坠落安全措施。

（3）不得将密目式安全立网代替安全平网使用。

第 5.1.6 条　凡在 2m 以上的悬空作业人员，应佩戴安全带，安全带及其使用除应符合现行国家标准《安全带》GB 6095 的规定外，尚应符合下列规定：

（1）安全带除应定期检验外，使用前尚应进行检查；织带磨损、灼伤、酸碱腐蚀或出现明显变硬、发脆，以及金属部件磨损出现明显缺陷或受到冲击后发生明显变形的，应及时报废。

（2）安全带应高挂低用，并应扣牢在牢固的物体上。

（3）缺少或不易设置安全带吊点的工作场所宜设置安全带母索。

（4）安全带的安全绳不得打结使用，安全绳上不得挂钩。

（5）安全带的各部件不得随意更换或拆除。

（6）安全绳有效长度不应大于2m，有两根安全绳的安全带，单根绳的有效长度不应大于1.2m。

（7）安全绳不得用作悬吊绳；安全绳与悬吊绳不得共用连接器，新更换安全绳的规格及力学性能应符合要求，并应加设绳套。

第5.1.7条　高处作业应设置专门的上下通道，攀登作业人员应从专门通道上下。上下通道应根据现场情况选用钢斜梯、钢直梯、人行塔梯等，各类梯道安装应牢固可靠，并应符合下列规定：

（1）当固定式直梯攀登高度超过3m时，宜加设护笼；当攀登高度超过8m时，应设置梯间平台。

（2）人行塔梯顶部和各平台应满铺防滑板，并应固定牢固，四周应设置防护栏杆，当高度超过5m时，应与建筑结构间设置连墙件。

（3）上下直梯时，人员应面向梯子，且不得手持器物。

（4）单梯不得垫高使用，直梯如需接长，接头不得超过1处。

（5）使用折梯时，铰链应牢固，并应有可靠的拉撑措施。

（6）同一梯子上不得有两人同时作业。

（7）脚手架操作层上不得使用梯子作业。

第5.1.8条　高处作业不得使用座板式吊具或自制吊篮。

第5.1.9条　作业场地应有采光照明设施。

第5.1.10条　遇有冰、霜、雨、雪等天气的高处作业，应采取防滑措施。

第5.7.1条　重吊装悬空作业应有安全防护措施，并应符合下列要求：

（1）结构吊装应设置牢固可靠的高处作业操作平台或操作立足点。

（2）操作平台外围应设置防护栏杆。

（3）操作平台面应满铺脚手板，脚手板应铺平绑牢，不得出现探头板。

（4）人员上下高处作业面应设置爬梯，梯道的构造应符合本标准的规定。

第5.7.2条　钢结构构件的吊装，应搭设用于临时固定、焊接、螺栓连接等工序的高空安全设施，并应随构件同时起吊就位，吊装就位的钢构件应及时连接。

第5.7.3条　钢结构安装宜在施工层搭设水平通道，通道两侧应设置防护栏杆。

第5.7.4条　钢结构或装配式混凝土结构安装作业层应设置供作业人员系挂安全带的安全绳。

第5.7.7条　吊装作业中，当利用已安装的构件或既有结构构件作为水平通道时，临空面应设置临边防护栏杆，并应设置连续的钢丝绳、钢索作安全绳。

第5.7.10条　安装管道时，应有已完结构或稳固的操作平台为立足点，严禁在未固定、无防护的结构构件及安装中的管道上作业或通行。

3. 物体打击

第 6.0.1 条　交叉作业时，下层作业位置应处于上层作业的坠落半径之外，在坠落半径内时，必须设置安全防护棚或其他隔离措施。

第 6.0.2 条　下列部位自建筑物施工至二层起，其上部应设置安全防护棚：

（1）人员进出的通道口（包括物料提升机、施工升降机的进出通道口）。

（2）上方施工可能坠落物件的影响范围内的通行道路和集中加工场地。

（3）起重机的起重臂回转范围之内的通道。

第 6.0.3 条　安全防护棚宜采用型钢和钢板搭设或采用双层木质板搭设，并应能承受高空坠物的冲击。防护棚的覆盖范围应大于上方施工可能坠落物件的影响范围。

第 6.0.4 条　短边边长或直径小于或等于 500mm 的洞口，应采取封堵措施。

第 6.0.5 条　进入施工现场的人员必须正确佩戴安全帽，安全帽质量应符合现行国家标准《安全帽》GB 2811 的规定。

第 6.0.6 条　高处作业现场所有可能坠落的物件均应预先撤除或固定。所存物料应堆放平稳，随身作业工具应装入工具袋。作业中的走道、通道板和登高用具，应清扫干净。作业人员传递物件应明示接稳信号，用力适当，不得抛掷。

第 6.0.7 条　临边防护栏杆下部挡脚板下边距离底面的空隙不应大于 10mm。操作平台或脚手架作业层当采用冲压钢脚手板时，板面冲孔内切圆直径应小于 25mm。

第 6.0.8 条　悬挑式脚手架、附着升降脚手架底层应采取可靠封闭措施。

4. 机械伤害

第 7.0.1 条　施工现场应制定施工机械安全技术操作规程，建立设备安全技术档案。

第 7.0.2 条　机械应按出厂使用说明书规定技术性能、承载能力和使用条件，正确操作，合理使用，严禁超载、超速作业或任意扩大使用范围。

第 7.0.3 条　机械设备上的各种安全防护和保险装置及各种安全信息装置应齐全有效。

第 7.0.4 条　施工机械进场前应查验机械设备证件、性能和状况，并应进行试运转。作业前，施工技术人员应向操作人员进行安全技术交底。操作人员应熟悉作业环境和施工条件，并应听从指挥，遵守现场安全管理规定。

第 7.0.5 条　大型机械设备的地基基础承载力应满足安全使用要求，其安装、试机、拆卸应按使用说明书的要求进行，使用前应经专业技术人员验收合格。

第 7.0.6 条　操作人员应根据机械保养规定进行机械例行保养，机械应处于完好状态，并应进行维修保养记录。机械不得带病运转，检修前应悬挂"禁止合闸、有人工作"的警示牌。

第 7.0.7 条　清洁、保养、维修机械或电气装置前，必须先切断电源，等机械停稳后再进行操作。严禁带电或采用预约停送电时间的方式进行维修。

第 7.0.8 条　在机械使用、维修过程中，操作人员和配合作业人员应正确使用劳动保护用品，长发应束紧不得外露，高处作业应系安全带。

第 7.0.9 条　多班作业的机械应执行交接班制度，填写交接班记录，接班人员上岗前应进行检查。

第 7.0.10 条　施工现场应为机械提供道路、水电、机棚及停机场地等必备的作业条件，夜间作业应提供充足的照明。

第7.0.11条 机械行驶的场内道路应平整坚实，并应设置安全警示标识。多台机械在同一区域作业时，前后、左右应保持安全距离。

第7.0.12条 机械在临近坡、坑边缘及有坡度的作业现场（道路）行驶时，其下方受影响范围内不得有任何人员。

第7.0.15条 小型机具的使用应符合下列规定：

（1）小型机具应有出厂合格证和操作说明书。

（2）小型机具应制定管理制度，建立台账，并应按要求使用、维修和保养。

（3）作业人员应了解所用机具性能，并应熟悉掌握其安全操作常识，施工中应正确佩戴各类安全防护用品。

（4）手持电动工具的操作应符合现行国家标准《手持式、可移式电动工具和园林工具的安全 第1部分：通用要求》GB 3883.1的规定，并应配备安全隔离变压器、漏电保护器、控制箱和电源连接器。

（5）作业人员不得站在不稳定的地方使用电动或气动工具，当需使用时，应有专人监护。

（6）木工圆盘锯机上的旋转锯片应带有护罩，平刨应设置护手装置。

（7）齿轮传动、皮带传动、连轴传动的小型机具应设置安全防护装置。

第7.0.16条 小型起重机具的使用应符合下列规定：

（1）千斤顶应垂直安装在坚实可靠的基础上，底部宜采用垫木等垫平。

（2）行走电动葫芦应设缓冲器，轨道两端应设挡板；电动葫芦不得超载起吊，起吊过程中，手不得握在绳索与吊物之间。

（3）不得使用2台以上手拉葫芦同时起吊重物卷扬机卷筒上的钢丝绳应排列整齐，不得在传动中用手拉或脚踩钢丝绳。作业中，不得跨越卷扬机钢丝绳。卷筒剩余钢丝绳不得少于3圈。

第7.0.17条 停用一个月以上或封存的机械设备，应进行停用或封存前的保养工作，并应采取预防大风、碰撞等措施。

5. 触电

第8.0.1条 施工现场临时用电设备在5台及以上或设备总容量在50kW及以上时，应编制施工现场临时用电组织设计，并应经审核和批准。

第8.0.2条 施工现场临时用电设备和线路的安装、巡检、维修或拆除，应由建筑电工完成。电工应经考核合格后，持证上岗工作；其他用电人员应通过安全教育培训和技术交底，经考核合格后方可上岗工作。

第8.0.3条 各类用电人员应掌握安全用电基本知识和所用设备的性能，并应符合下列规定：

（1）使用电气设备前应佩戴相应的劳动保护用品，并应检查电气装置和保护设施，设备不得带缺陷运转。

（2）应保管和维护所用设备，发现问题应及时报告解决。

（3）暂时停用设备的开关箱应分断电源隔离开关，并应上锁。

（4）移动电气设备时，应切断电源并妥善处理后进行。

（5）当遇有临时停电、停工、检修或移动电气设备时，应关闭电源。

第8.0.4条 施工现场临时配电线路应采用三相四线制电力系统，应采用 TN-S 接零保护系统，并应符合下列规定：

（1）配电电缆应包含全部工作芯线和用作保护零线或保护线的芯线，电缆线路应采用五芯电缆。

（2）电缆线路应采用埋地或架空敷设，不得沿地面明设，并应避免机械损伤和介质腐蚀；埋地电缆路径应设方位标志。

（3）地下埋设电缆应设防护管，与开挖作业边缘的距离不应小于 2m；架空线路应采用绝缘导线，不得使用裸线，并应沿墙或电杆作绝缘固定，架空线应架设在专用电杆上，不得架设在树木、脚手架及其他设施上。

（4）配电线路应有短路保护和过载保护。

（5）配电线路中的保护零线除应在配电室或总配电箱处作重复接地外，还应在配电线路的中间处和末端处作重复接地，重复接地电阻不应大于 10Ω。

（6）通往水上的岸电应采用绝缘物架设，电缆线应留有余量，作业过程中不得挤压或拉拽电缆线。

第8.0.5条 配电系统应设置配电柜或总配电箱、分配电箱、开关箱，实行三级配电，除应在末级开关箱内加漏电保护器外，还应在总配电箱再加装一级漏电保护器，总体形成两级保护，并应符合下列规定：

（1）配电柜应装设隔离开关及短路、过载、漏电保护器，电源隔离开关分断时应有明显的可见分断点。

（2）配电箱、开关箱应选用专业厂家定型、合格产品，并应使用 3C 认证的成套配电箱技术。

（3）配电箱、开关箱应设置在干燥、通风及常温场所，不得装设在瓦斯、烟气、潮湿及其他有害介质的场所。

（4）配电箱的电器安装板上应分设 N 线端子板和 PE 线端子板；N 线端子板应与金属电器安装板绝缘；PE 线端子板应与金属电器安装板作电气连接；进出线中的 N 线应通过 N 线端子板连接；PE 线应通过 PE 线端子板连接。

（5）配电箱、开关箱的金属箱体、金属电器安装板以及电器正常不带电的金属底座、外壳等应通过 PE 线端子板与 PE 线作电气连接，金属箱门与金属箱体应通过采用编织软铜线作电气连接。

（6）总配电箱和开关箱中两级漏电保护器的额定漏电动作电流和额定漏电动作时间应符合要求，漏电保护器的极数和线数应与其负荷侧负荷的相数和线数一致。

（7）配电箱、开关箱的电源进线端不得采用插头和插座作活动连接。

（8）配电箱、开关箱应定期检查、维修；检查和维修时，应挂接地线，并应悬挂"禁止合闸、有人工作"停电标志牌。停送电应由专人负责。

第8.0.6条 施工现场的用电设备应符合下列规定：

（1）每台用电设备应有各自专用的开关箱，不得用同一个开关箱直接控制 2 台及 2 台以上用电设备（含插座）；开关箱应装设隔离开关及短路、过载、漏电保护器，不得设置分路开关。

（2）各种施工机具和施工设施应做好保护零线连接。

（3）塔式起重机、施工升降机、滑动模板、爬升模板的金属操作平台、需设置避雷装置的物料提升机及其他高耸临时设施，除应连接 PE 线外，还应进行重复接地。

（4）对防雷接地的电气设备，所连接的 PE 线应同时作重复接地。

（5）对混凝土搅拌机、钢筋加工机械、木工机械、盾构机械等设备进行清理、检查、维修时，应首先将其开关箱分闸断电，呈现可见电源分断点，并关门上锁。

第 8.0.7 条　水上或潮湿地带的电缆线应绝缘良好，并应具有防水功能，电缆线接头应经防水处理。

第 8.0.8 条　施工照明应符合下列规定：

（1）应根据作业环境条件选择适应的照明器具，特殊场所应使用安全特低电压照明器，并应符合下列规定：

1）隧道、人防、工程、高温、有导电灰尘、比较潮湿或灯具离地面高度低于 2.5m 等场所的照明，电源电压不应大于 36V。

2）潮湿和易触及带电体场所的照明，电源电压不得大于 24V。

3）特别潮湿场所、导电良好的地面、锅炉或金属容器内的照明，电源电压不得大于 12V。

（2）使用行灯电源电压不大于 36V，灯体与手柄应坚固、绝缘良好并耐热耐潮湿，金属网、反光罩、悬吊挂钩固定在灯具的绝缘部位上。

（3）照明灯具的金属外壳应与 PE 线相连接，照明开关箱内应装设隔离开关、短路与过载保护电器和漏电保护器。

（4）室外 220V 灯具距地面不得低于 3m，室内 220V 灯具距地面不得低于 2.5m。

第 8.0.9 条　临时用电工程应定期检查，定期检查时应复查接地电阻值和绝缘电阻值，对发现的安全隐患应及时处理，并应履行复查验收手续。

第 8.0.10 条　施工现场脚手架、起重机械与架空线路的安全距离应符合相关标准要求，当不满足要求时，应采取有效的绝缘隔离防护措施。

6. 起重伤害

第 9.0.1 条　起重机械安装拆卸工、起重机械司机、信号司索工应经专业机构培训，并应取得相应的特种作业人员从业资格，持证上岗。起重司机操作证应与操作机型相符，并应按操作规程进行操作。起重机作业应设专职信号指挥和司索人员，一人不得同时兼顾信号指挥和司索作业。

第 9.0.3 条　起重机械安拆、吊装作业应编制专项施工方案，超过一定规模的起重吊装及起重机械安装拆卸工程，其专项施工方案应组织专家论证。起重机械作业前，施工技术人员应向操作人员进行安全技术交底。操作人员应熟悉作业环境和施工条件。

第 9.0.4 条　纳入特种设备目录的起重机械进入施工现场，应具有特种设备制造许可证、产品合格证、备案证明和安装使用说明书。起重机械进场组装后应履行验收程序，填写安装验收表，并经责任人签字，在验收前应经有相应资质的检验检测机构监督检验合格。

第 9.0.5 条　起重机械的辅助构件、附墙件应由原制造厂家或具有相应能力的专业厂家制造。安装起重设备的地基基础、起重机设备附着处应经过承载力验算并满足使用说明书要求。起重机械的起吊能力应按最不利工况进行计算，索具、卡环、绳扣等的规格应根据计算确定。吊索具系挂点位置和系挂方式应符合设计的规定，设计无规定时应经计算确定。

第 9.0.6 条　起重机械安装所采用的螺栓、钢楔或木楔、钢垫板、垫木和电焊条等材质应符合设计要求。起重作业前应检查起重设备的钢丝绳及端部固接方式、滑轮、卷筒、吊钩、索具、卡环、绳环和地锚、缆风绳等，所有索具设备和零部件应符合安全要求。

第 9.0.7 条　起重机械的变幅限位器、力矩限制器、起重量限制器、防坠安全器、各种行程限位开关以及滑轮和卷筒的钢丝绳防脱装置、吊钩防脱钩装置等安全保护装置，应齐全有效，严禁随意调整或拆除。严禁利用限制器和限位装置代替操纵机构。

第 9.0.8 条　吊装大、重、新结构构件和采用新的吊装工艺前应先进行试吊。

第 9.0.9 条　高空吊装预制梁、屋架等大型构件时，应在构件两端设溜绳，作业人员不得直接推拉被吊运物。

第 9.0.10 条　双机抬吊宜选用同类型或性能相近的起重机，负载分配应合理，单机载荷不得超过额定起重量的 80%。两机位应协同起吊和就位，起吊速度应平稳缓慢。

第 9.0.17 条　吊装作业区域四周应设置明显标志，严禁非操作人员入内。构件起吊时，所有人员不得站在吊物下方，并应保持一定的安全距离。

第 9.0.18 条　起重机械起吊的构件上不应有人、浮置物、悬挂物件，吊运易散落物件或吊运气瓶时，应使用专用吊笼。起重机严禁采用吊具载运人员。

第 9.0.19 条　吊运作业时，吊运材料应绑扎牢固，细长物件不得单点起吊。吊运散料时应使用料斗，严禁使用钢丝绳绑扎吊运。

第 9.0.20 条　被吊重物应确保在起重臂的正下方，严禁斜拉、斜吊，严禁吊装起吊重量不明、埋于地下或粘结在地面上的构件。

第 9.0.21 条　起重吊装作业的操作控制应符合下列规定：

（1）吊运重物起升或下降速度应平稳、均匀。

（2）起重机主、副钩不应同时作业。

（3）起重机在满负荷或接近满负荷时，不得进行增大幅度方向的动作或同时进行两个动作。

（4）起重机回转未停稳时，不得反向动作。

第 9.0.22 条　暂停作业时，吊装作业中未形成稳定体系的部分，必须采取临时固定措施。临时固定的构件，应在完成永久固定后方可解除临时固定措施。

第 9.0.23 条　在风速达到 9m/s 及以上或大雨、大雪、大雾等恶劣天气时，严禁进行起重机械的安装拆卸作业。在风速达到 12m/s 及以上或大雨、大雪、大雾等恶劣天气时，应停止露天的起重吊装作业。

第 9.0.24 条　雨雪后进行吊装时，应清理积水、积雪，并应采取防护措施，作业前应先试吊。

7. 其他易发事故

第 10.5.1 条　在易产生有毒有害气体的狭小或密闭的缺氧空间作业前，应检测有毒有害气体和氧含量，根据检测结果及时通风或排风，并应符合下列规定：

（1）地下管道、烟道、涵洞施工前，应强制送风，且空气中有毒有害气体和氧含量符合要求后方可作业，并应保持空气流通。

（2）当挖孔桩开挖深度超过 5m 或有特殊要求时，下孔作业前，应采取机械送风，送风量不应小于 25L/s。

（3）当隧道施工独头掘进长度超过 150m 时，应采用机械通风，每人供应新鲜空气量不应小于 $3m^3/min$，风速不得大于 6m/s，全断面开挖时风速不应小于 0.15m/s，导洞内不得小于 0.15m/s，风管出口距离掌子面不得大于 15m；作业前应检测有毒有害气体。

（4）作业过程中，应监测作业场所空气中氧含量的变化，作业环境空气中氧含量不得小于 19.5%。

（5）不得用纯氧进行通风换气。

第 10.5.2 条　在狭小或密闭空间进行电焊、油漆、明火等作业时，应保持空气流通。

第 10.5.3 条　在密闭容器内使用氢气、二氧化碳或氩气进行焊接作业时，应在作业过程中通风换气，氧含量不得小于 19.5%。

第 10.5.4 条　在已确定为缺氧作业环境的场所作业时，应有专人监护，并应采取下列措施：

（1）无关人员不得进入缺氧作业场所，并应在醒目处设置警示标志。

（2）作业人员应配备并使用空气呼吸器或软管面具等隔离式呼吸保护器具，不得使用过滤式面具。

（3）当存在因缺氧而坠落的危险时，作业人员应使用安全带，并在适当位置可靠地安装必要的安全绳网设备。

（4）在每次作业前，应检查呼吸器具和安全带，发现异常应立即更换，不得勉强使用。

（5）在作业人员进入缺氧作业场所前和离开时应清点人数。

第 10.5.5 条　当进行钻探、挖掘隧道等作业时，应采用试钻等方法进行预测调查。当发现有硫化氢、二氧化碳或甲烷等有害气体逸出时，应先确定处理方法，调整作业方案，再进行作业。

第 10.5.6 条　在通风条件差的地下管道、烟道、涵洞等作业场所，当配备二氧化碳灭火器时，应将灭火器放置牢固。二氧化碳灭火器的有效期应符合说明书要求，放置灭火器的位置应设立明显的标志。

第 10.5.7 条　施工现场宿舍内不得使用明火取暖，同时应保持房间通风。冬季宿舍内不得使用电热毯取暖。

2.3.2　《现场模块化设施技术标准》JGJ/T 435—2018（节选）

1. 施工一般规定

第 8.1.1 条　模块化设施的施工应编制专项施工方案；施工方案应包括工程概况、编制依据、工程计划进度、设施及基础做法及图样、安装及拆除工艺方法、劳动力计划、应急预案、相关计算等内容。施工前，应对施工人员进行技术交底。

第 8.1.2 条　模块化设施进场时应对规格、外观、几何尺寸及数量等进行验收。

第 8.1.3 条　混凝土基础与路面安装前应对地基进行检查，经检查合格后方可继续施工。

第 8.1.4 条　应对基础的平面位置和标高等定位线进行复测，并应对定位轴线进行复核及验收，合格后方可进入下一道工序。

2. 模块化房屋

第 8.2.1 条　房屋单元场内码放和二次运输应符合下列规定：

（1）应预先检查和处理场地的平整性。

（2）房屋单元应按组装顺序编号堆放；房屋单元宜单层布置，房屋单元之间间隙宜大于100mm；当需多层堆放时，应放置在混凝土地面上，上下房屋单元的位置应对正，首层房屋单元应放置平实。

（3）房屋单元在运输、吊装中应采取保护措施。

（4）对门窗和外设零配件应采取保护措施。

第8.2.2条 吊装用钢丝绳、卸扣、吊钩等吊索具不得超出其允许荷载，专用机具和工具应满足施工要求，并应经检验合格后方可使用。

第8.2.3条 房屋的安装，应符合下列规定：

（1）宜按建筑物的平面形状、单元组合方式、安装机械的规格、数量、现场施工条件等确定安装顺序。

（2）房屋单元安装时，平面上应由端部向一侧顺序扩展；应先调整标高，再调整中心位移，最后调整垂直偏差。

（3）不应利用已安装就位的房屋单元的构件起吊其他重物，且不应在主要受力部位加焊其他物件。

（4）当房屋单元之间采用螺栓连接时，螺栓应拧紧。其间隙应符合设计规定。

（5）当房屋单元之间采用角件连接器连接时，连接器与房屋单元之间应放置垫块和定位块，垫块应采用厚度不小于8mm钢板。

第8.2.4条 门窗及屋面板、墙板安装应符合下列规定：

（1）门窗开关应灵活可靠、无松动。

（2）屋面板、墙板与钢框架构件应吻合、无明显缝隙。

（3）门窗边长偏差不应大于1.5mm，对角线偏差不应大于3.0m，门窗顶部与门窗框之间的间隙不应大于5.0mm，门扇底部与门框底部的间隙不应大于15.0m，门扇两侧与门框间隙不应大于7.0m。

（4）门锁安装应牢固，转动应灵活，应无卡阻现象。

第8.2.5条 卫生间、厨房地面排水应通畅、无积水；管道穿越楼板部位不得渗漏。

第8.2.6条 公共厨房设置的排气装置管道接口应严密、排气通畅。

第8.2.7条 空调设备安装位置应准确，支架安装应牢固。

3. 模块化围挡

第8.3.1条 围挡安装前，应对地面进行清理平整。

第8.3.2条 围挡安装首先应放线定位，确定立柱所在位置。

第8.3.3条 轻质围挡的底座安装宜采用膨胀型机械锚栓进行固定；预制混凝土围挡的立柱、墙板与独立基础宜采用机械连接。

4. 模块化路面

第8.4.1条 路面的路基应符合现行行业标准《城镇道路工程施工与质量验收规范》CJJ 1的有关规定。

第8.4.2条 路面单元铺装前应定位放线。

第8.4.3条 预制混凝土路面铺装前应对基底进行处理，应铺设垫层并找平后再安装路面单元。

第8.4.4条 路面单元铺设时，应根据设计排水方向设置坡度，与周围构筑物、路口应接顺，不得积水。

第 8.4.1 条 路面单元吊装时，应采用单元本身的设计吊点，且吊索与构件水平面所成角度不宜小于 60°。

2.3.3 《施工门式钢管脚手架安全技术标准》JGJ/T 128—2019（节选）

1. 搭设与拆除施工准备

第 7.1.1 条 门式脚手架搭设与拆除作业前，应根据工程特点编制专项施工方案，经审核批准后方可实施。专项施工方案应向作业人员进行安全技术交底，并应由安全技术交底双方书面签字确认。

第 7.1.2 条 门式脚手架搭拆施工的专项施工方案，应包括下列内容：

（1）工程概况、设计依据、搭设条件、搭设方案设计。

（2）搭设施工图。

1）平面图、立面图、剖面图；

2）脚手架连墙件的布置及构造图；

3）脚手架转角、通道口的构造图；

4）脚手架斜梯布置及构造图；

5）重要节点构造图。

（3）基础做法及要求。

（4）架体搭设及拆除的程序和方法。

（5）季节性施工措施。

（6）质量保证措施。

（7）架体搭设、使用、拆除的安全、环保、绿色文明施工措施。

（8）设计计算书。

（9）悬挑脚手架搭设方案设计。

（10）应急预案。

第 7.1.3 条 门架与配件、加固杆等在使用前应进行检查和验收。

第 7.1.4 条 经检验合格的构配件及材料应按品种和规格分类堆放整齐、平稳。

第 7.1.5 条 对搭设场地应进行清理、平整，并应采取排水措施。

第 7.1.6 条 悬挑脚手架搭设前应检查预埋件和支撑型钢悬挑梁的混凝土强度。

第 7.1.7 条 在搭设前，应根据架体结构布置先在基础上弹出门架立杆位置线，垫板、底座安放位置应准确，标高应一致。

2. 搭设

第 7.2.1 条 门式脚手架的搭设程序应符合下列规定：

（1）作业脚手架的搭设应与施工进度同步，一次搭设高度不宜超过最上层连墙件两步，且自由高度不应大于 4m。

（2）支撑架应采用逐列、逐排和逐层的方法搭设。

（3）门架的组装应自一端向另一端延伸，应自下而上按步架设，并应逐层改变搭设方向。

（4）每搭设完两步门架后，应校验门架的水平度及立杆的垂直度。

（5）安全网、挡脚板和栏杆应随架体的搭设及时安装。

第 7.2.2 条　搭设门架及配件应符合下列规定：

(1) 交叉支撑、水平架、脚手板应与门架同时安装。

(2) 连接门架的锁臂、挂钩应处于锁住状态。

(3) 钢梯的设置应符合专项施工方案组装布置图的要求，底层钢梯底部应加设钢管，并应采用扣件与门架立杆扣紧。

(4) 在施工作业层外侧周边应设置 180mm 高的挡脚板和两道栏杆，上道栏杆高度应为 1.2m，下道栏杆应居中设置。挡脚板和栏杆均应设置在门架立杆的内侧。

第 7.2.3 条　加固杆的搭设应符合下列规定：

(1) 水平加固杆、剪刀撑斜杆等加固杆件应与门架同步搭设。

(2) 水平加固杆应设于门架立杆内侧，剪刀撑斜杆应设于门架立杆外侧。

第 7.2.4 条　门式作业脚手架连墙件的安装应符合下列规定：

(1) 连墙件应随作业脚手架的搭设进度同步进行安装。

(2) 当操作层高出相邻连墙件以上 2 步时，在上层连墙件安装完毕前，应采取临时拉结措施，直到上一层连墙件安装完毕后方可根据实际情况拆除。

第 7.2.5 条　当加固杆、连墙件等杆件与门架采用扣件连接时，应符合下列规定：

(1) 扣件规格应与所连接钢管的外径相匹配。

(2) 扣件螺栓拧紧扭力矩值应为 40~65N·m。

(3) 杆件端头伸出扣件盖板边缘长度不应小于 100mm。

第 7.2.6 条　门式作业脚手架通道口的斜撑杆、托架梁及通道口两侧门架立杆的加强杆件应与门架同步搭设。

第 7.2.7 条　门式支撑架的可调底座、可调托座宜采取防止砂浆、水泥浆等污物填塞螺纹的措施。

3. 拆除

第 7.3.1 条　架体拆除应按专项施工方案实施，并应在拆除前做好下列准备工作：

(1) 应对拆除的架体进行拆除前检查，当发现有连墙件、加固杆缺失，拆除过程中架体可能倾斜失稳的情况时，应先行加固后再拆除。

(2) 应根据拆除前的检查结果补充完善专项施工方案。

(3) 应清除架体上的材料、杂物及作业面的障碍物。

第 7.3.2 条　门式脚手架拆除作业应符合下列规定：

(1) 架体的拆除应从上而下逐层进行。

(2) 同层杆件和构配件应按先外后内的顺序拆除，剪刀撑、斜撑杆等加固杆件应在拆卸至该部位杆件时再拆除。

(3) 连墙件应随门式作业脚手架逐层拆除，不得先将连墙件整层或数层拆除后再拆架体。拆除作业过程中，当架体的自由高度大于 2 步时，应加设临时拉结。

第 7.3.3 条　当拆卸连接部件时，应先将止退装置旋转至开启位置，然后拆除，不得硬拉、敲击。拆除作业中，不应使用手锤等硬物击打、撬别。

第 7.3.4 条　当门式作业脚手架分段拆除时，应先对不拆除部分架体的两端加固后再进行拆除作业。

第 7.3.5 条　门架与配件应采用机械或人工运至地面，严禁抛掷。

第7.3.6条　拆卸的门架与配件、加固杆等不得集中堆放在未拆架体上，并应及时检查、整修和保养，宜按品种、规格分别存放。

4. 安全管理

第9.0.1条　搭拆门式脚手架应由架子工担任，并应经岗位作业能力培训考核合格后，持证上岗。

第9.0.2条　当搭拆架体时，施工作业层应临时铺设脚手板，操作人员应站在临时设置的脚手板上进行作业，并应按规定使用安全防护用品，穿防滑鞋。

第9.0.3条　门式脚手架使用前，应向作业人员进行安全技术交底。

第9.0.4条　门式脚手架作业层上的荷载不得超过设计荷载，门式作业脚手架同时满载作业的层数不应超过2层。

第9.0.5条　严禁将支撑架、缆风绳、混凝土输送泵管、卸料平台及大型设备的支承件等固定在作业脚手架上；严禁在门式作业脚手架上悬挂起重设备。

第9.0.6条　6级及以上强风天气应停止架上作业；雨、雪、雾天应停止门式脚手架的搭拆作业；雨、雪、霜后上架作业应采取有效的防滑措施，并应扫除积雪。

第9.0.7条　门式脚手架在使用期间，当预见可能有强风天气所产生的风压值超出设计的基本风压值时，应对架体采取临时加固等防风措施。

第9.0.8条　在门式脚手架使用期间，立杆基础下及附近不宜进行挖掘作业；当因施工需进行挖掘作业时，应对架体采取加固措施。

第9.0.9条　门式支撑架的交叉支撑和加固杆，在施工期间严禁拆除。

第9.0.10条　门式作业脚手架在使用期间，不应拆除加固杆、连墙件、转角处连接杆、通道口斜撑杆等加固杆件。

第9.0.11条　门式作业脚手架临街及转角处的外侧立面应按步采取硬防护措施，硬防护的高度不应小于1.2m，转角处硬防护的宽度应为作业脚手架宽度。

第9.0.12条　门式作业脚手架外侧应设置密目式安全网，网间应严密。

第9.0.13条　门式作业脚手架与架空输电线路的安全距离、工地临时用电线路架设及作业脚手架接地、防雷措施，应按现行行业标准《施工现场临时用电安全技术规范》JGJ 46的有关规定执行。

第9.0.14条　在门式脚手架上进行电气焊和其他动火作业时，应符合现行国家标准《建设工程施工现场消防安全技术规范》GB 50720的规定，应采取防火措施，并应设专人监护。

第9.0.15条　不得攀爬门式作业脚手架。

第9.0.16条　当搭拆门式脚手架作业时，应设置警戒线、警戒标志，并应派专人监护，严禁非作业人员入内。

第9.0.17条　对门式脚手架应进行日常性的检查和维护，架体上的建筑垃圾或杂物应及时清理。

第9.0.18条　通行机动车的门式作业脚手架洞口，门洞口净空尺寸应满足既有道路通行安全界线的要求，应设置导向、限高、限宽、减速、防撞等设施及标志。

第9.0.19条　门式支撑架在施加荷载的过程中，架体下面严禁有人。当门式脚手架在使用过程中出现安全隐患时，应及时排除；当出现可能危及人身安全的重大隐患时，应停止架上作业，撤离作业人员，并应由专业人员组织检查、处置。

第 3 章　新材料、新设备

第 1 节　电气及智能化工程新材料和新设备

3.1.1　发电设备

1. 太阳能光伏发电系统设备

太阳能光伏发电系统（图 3-1）是利用电池组件将太阳能直接转变为电能的装置系统。在光照条件下，太阳电池组件产生一定的电动势，通过组件的串并联形成太阳能电池方阵，使得方阵电压达到系统输入电压的要求。

图 3-1　太阳能光伏发电系统设备

通过充放电控制器对蓄电池进行充电，将由光能转换而来的电能贮存起来。晚上，蓄电池组为逆变器提供输入电，通过逆变器的作用，将直流电转换成交流电，输送到配电柜，由配电柜的切换作用进行供电。蓄电池组的放电情况由控制器进行控制，保证蓄电池的正常使用。光伏电站系统还应有限荷保护和防雷装置，以保护系统设备的过负载运行及免遭雷击，维护系统设备的安全使用。

太阳能光伏系统是由太阳能电池方阵、蓄电池组、充放电控制器、逆变器、交流配电柜、自动太阳能跟踪系统、自动太阳能组件除尘系统等设备组成。太阳能光伏系统示意图如图 3-2 所示。

其各部分设备的作用是：

（1）太阳能电池

在有光照（无论是太阳光，还是其他发光体产生的光照）情况下，电池吸收光能，电池两端出现异号电荷的积累，即产生"光生电压"，这就是"光生伏特效应"。在光生伏特效应的作用下，太阳能电池的两端产生电动势，将光能转换成电能，是能量转换的器件。

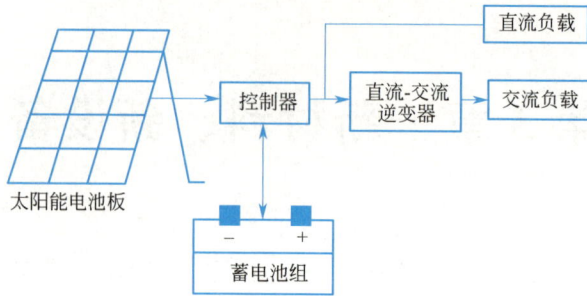

图 3-2　太阳能光伏发电系统示意图

（2）蓄电池组

蓄电池组作用是贮存太阳能电池方阵受光照时发出的电能并可随时向负载供电。太阳能电池发电对所用蓄电池组的基本要求是：自放电率低，使用寿命长，深放电能力强，充电效率高，少维护或免维护，工作温度范围宽，价格低廉。目前我国与太阳能发电系统配套使用的蓄电池主要是铅酸蓄电池和镉镍蓄电池。配套 200Ah 以上的铅酸蓄电池，一般选用固定式或工业密封式免维护铅酸蓄电池，每只蓄电池的额定电压为 2VDC；配套 200Ah 以下的铅酸蓄电池，一般选用小型密封免维护铅酸蓄电池，每只蓄电池的额定电压为 12VDC。

（3）充放电控制器

充放电控制器是能自动防止蓄电池过充电和过放电的设备。由于蓄电池的循环充放电次数及放电深度是决定蓄电池使用寿命的重要因素，因此能控制蓄电池组过充电或过放电的充放电控制器是必不可少的设备。

（4）逆变器

逆变器是将直流电转换成交流电的设备。由于太阳能电池和蓄电池是直流电源，而负载是交流负载时，逆变器是必不可少的。逆变器按运行方式，可分为独立运行逆变器和并网逆变器。独立运行逆变器用于独立运行的太阳能电池发电系统，为独立负载供电。并网逆变器用于并网运行的太阳能电池发电系统。逆变器按输出波形可分为方波逆变器和正弦波逆变器。方波逆变器电路简单，造价低，但谐波分量大，一般用于几百瓦以下和对谐波要求不高的系统。正弦波逆变器成本高，但可以适用于各种负载。

（5）交流配电柜

交流配电柜在电站系统的主要作用是对备用逆变器的切换功能，保证系统的正常供电，同时还有对线路电能的计量。

2. 风能光伏发电系统设备

风能光伏发电系统（图 3-3）是指分别将风能、太阳能资源转化为高品位的电力能源，并将能量由蓄电池存储起来的系统。

风力发电部分是利用风力机将风能转换为机械能，通过风力发电机将机械能转

图 3-3　风能光伏发电系统设备

换为电能，再通过控制器对蓄电池充电，经过逆变器对负载供电；光伏发电部分利用太阳能电池板的光伏效应将光能转换为电能，然后对蓄电池充电，通过逆变器将直流电转换为交流电对负载进行供电；逆变系统由几台逆变器组成，把蓄电池中的直流电变成标准的220V交流电，保证交流电负载设备的正常使用。同时还具有自动稳压功能，可改善风能光伏发电系统的供电质量；控制部分根据日照强度、风力大小及负载的变化，不断对蓄电池组的工作状态进行切换和调节：一方面把调整后的电能直接送往直流或交流负载。另一方面把多余的电能送往蓄电池组存储。发电量不能满足负载需要时，控制器把蓄电池的电能送往负载，保证了整个系统工作的连续性和稳定性；蓄电池部分由多块蓄电池组成，在系统中同时起到能量调节和平衡负载两大作用。它将风力发电系统和光伏发电系统输出的电能转化为化学能储存起来，以备供电不足时使用。风能光伏发电系统示意图如图 3-4 所示。

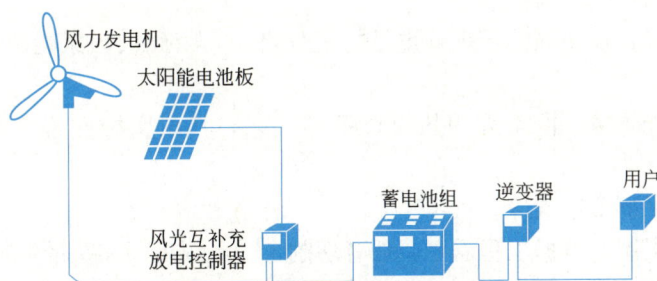

图 3-4　风能光伏发电系统示意图

（1）风力发电机组

风力发电机组是风力光伏电力系统中风能的吸收和转化设备。从能量转换角度来看，风力发电机组由两大部分组成，其一是风力机，它的功能是将风能转换为机械能；其二是发电机，它的功能是将机械能转换成电能。

（2）光伏阵列

光伏发电是基于"光电效应"原理的，利用太阳光发电的一种新型、清洁发电供能方式。光伏发电系统中主要部件有：太阳能光伏电池、蓄电池、逆变器、用电负载。光伏阵列是多片光伏模组的连接，是最大规模的光伏发电系统。

风能光伏发电系统根据风力和太阳辐射变化情况，可以在以下三种模式下运行：风力发电机组单独向负载供电；光伏发电系统单独向负载供电；风力发电机组和光伏发电系统联合向负载供电。

3.1.2　线缆保护管、槽、架

1. 可弯曲金属导管

可挠（金属）电线保护套管（图 3-5）（现称可弯曲金属导管）。基本型（KZ）材质为外层热镀锌钢带绕制而成，内壁涂特殊绝缘树脂层；防水型（KV）在基本型基础上外包塑软质聚氯乙烯；阻燃型（KVZ）在基本型基础上外包覆软质阻燃聚氯乙烯，用作电线、电缆、自动化仪表信号的电线电缆保护管。超小口径金属电线保护套管（内径 3～25mm）主要用于精密光学尺的传感线路保护、工业传感器线路保护，具有良好的柔软性、耐蚀性、耐高温、耐磨损、抗拉性。

图 3-5　可弯曲金属导管

（1）可弯曲金属导管的特点有：

1）该管重量轻，仅是同体积钢管重量的三分之一，因此被国家能源局列为节能节材环保项目。

2）耐腐蚀性能优越，由于采用热镀锌钢带工艺，其耐腐蚀性钢管和金属软管无法比拟。

3）内层绝缘、屏蔽性能好。

4）长度不受限制，根据工程需要，任意切割，为此降低了零头的消耗。

5）该管外表有螺纹，有相应的各种附件，折弯不用机械，切割只要专用割刀现场施工，非常方便，在建筑和装修应用可省工时 40%～90%。在造船行业中可提高工效六倍。

6）抗压、抗拉伸性能达到《电缆管理用导管系统　第 1 部分：通用要求》GB/T 20041.1 的分类代码 4 重型标准。

7）该管有较好的强度，良好的绝缘，可预埋在钢筋混凝土网中，并可根据需要定型，弥补了钢管和金属软管及 PVC 管在一定场合施工的不足。

（2）与普通金属导管相比，可弯曲金属导管具有如下优势：

1）自带螺纹，连接便捷：套管都有螺纹构成，不需要挑螺纹，无论在任何地方切断，都可以用连接器与电线管设备、电机等可靠地连接。即使在内部构造复杂的场地，有能又快又简单的配管。

2）耐振耐水，强度良好：由于材质和结构上的特点，该管系属于挠性管系列，所以抗振，耐振动性能优异，套管采用特殊绝缘防腐树脂作为套管的内层材料，具有耐水的特点，可以将其预先埋在混凝土的构架中，保护电线电缆不受损害。

3）切断简单，加工容易：用专用套管切割刀，简单地切断，断面非常光洁整齐，不需要用锯、虎钳等工具。也不需要对切口进行加工，不需要携带挑螺纹工具、折弯机等，只用卡钳和刀在现场方便地施工。

4）体小量轻，搬运方便：采用精选原材料经特殊工艺加工制作，套管结构新颖品质优良，该管重量轻，卷成圆盘状，体积小，可以很方便地搬运到建筑物的高处，消除作业危险。

5）自由弯曲，造型美观：该管可以随便弯曲，弯曲部位可以保持其形状，也可以用手调节，不需要折弯机或复杂手段。

6）耐腐绝缘，阻燃隔热：表面热镀锌钢带，有优异的耐腐蚀性，套管采用特殊绝缘树脂作为内层材料，有优异的电气绝缘性能。耐酸、碱、盐及化学品性能更佳，消防指标达到国家标准。

7）防爆防尘，屏蔽性好：增安型、隔爆型防爆套管适用在粉尘、存在易燃易爆气体等特殊场所的防爆电机、仪器仪表等设备的电气线路中，起保护作用。屏蔽效果好，在通信、消防报警等行业中广泛应用，铜制套管屏蔽效果更佳。铝制套管无毒无害。

2. 走线架

走线架（图 3-6）也叫电缆桥架，是机房专门用来走线的设备，指进入电信、网通、广电的机房后通过走线架布放光、电缆进入终端设备，用于绑扎光、电缆用的铁架。

图 3-6　走线架

走线架分室内走架线和室外走线架两种。室内走线架主要采用优质钢材或铝合金材料，经过抗氧化喷塑或镀锌烤漆等表面处理方式。室外走线架主要采用钢材料，经过热镀锌处理。走线架主要用于机房及基站内外各类线缆的铺设。具有外形美观款式多样，强度高、安装简单、布放线缆方便等特点。

走线架适用于水平、垂直及多层分离布放线场合。结构紧凑，布线量大，扩容及后续工程布放线施工时可很方便地实现"三线"分离。走线架的安装尺寸可由用户根据机房实际情况灵活设计确定。

走线架的类型有很多，常见的是 U 形钢走线架、机房走线架、铝合金走线架、网格桥架、镀锌走线架等。

（1）外走线架（热镀锌）

外走线架（热镀锌）适用于室外。其走线架一般用角钢、扁钢、多孔 U 形钢组合加工后再表面热镀锌。机房（室内）走线架根据要求可以选择铝合金走线架或钢走线架。

（2）机房走线架

大机房或中心机房，要求走线架坚固美观，性价比高。

（3）基站走线架

基站走线架要求成本低，安装简便，承重在每米 100kg 以上，可选用 LP-ZXJ-L-LBG系列、LP-ZXJ-L-LD 系列、LP-ZXJ-L-34H 系列、LP-ZJX-L-32K 系列，以上系列的走线架可在无线基站及线缆不多的小机房适用。

（4）铝合金走线架

铝合金走线架作为通信设备必不可少的辅助设备，它不但具有支撑全部线缆重量、提供布线以及为设备提供顶部固定支点的功能，而且兼具美化机房的作用。铝合金走线架，根据信息产业部的要求，设计为全开放式裸架，可以吊顶走线、沿墙走线及立式架走线；承重效果好，且美观方便，利于日后维护检测检修。

（5）钢走线架

钢走线架一般分扁钢走线架和多孔 U 形钢走线架，扁钢走线架一适合在基站及较小机房使用（属于比较早期的产品，用钢量较重）。多孔 U 形钢走线架分标准的和轻型 U-II 形的两种。U-II 形走线架适合在基站及小机房使用（可代替扁钢走线架使用），一般厚度 1.5mm、2mm；标准多孔 U 形钢走线架适合在大中小型不同机房使用，材料厚度 2mm，另外 2.5mm、3mm 厚度可定制。结构美观、安装扩容方便、吊挂方式灵活。

3.1.3　母线、线缆

1. 铜铝复合排

铜铝复合排（图 3-7）是一种能够全面替代铜排的新型节能导体材料，外表为铜、内芯为铝。铜铝复合母线采用热复合平立连轧直接成型工艺，通过坯料模铸成型（或坯料冷成型）、加热、连轧及表面处理等工艺制作而成。影响铜铝复合母线界面结合最关键的工序是热复合和平立连轧，可根据铜铝复合母线的规格确定坯料成型工艺，通过计算机控制热复合的温度和时间及五平四立连轧变形参数，使铜铝界面形成均匀连续的结合层，界面结合强度可达到 35MPa 以上。目前，铜铝复合排系列产品宽度在 30～200mm，厚度在 2.8～20mm 共 390 种规格，能够全面满足大电流导体材料的需求。

图 3-7　铜铝复合排

铜铝复合排把铜、铝两种优良导体的优势集于一体，既达到高的导电性能，保持了接触电阻小，抗氧化能力强的特点，又减轻了重量，降低了成本。同种规格的铜铝复合排载流量达到铜排（T2）的 86％，而同等载流量的铜铝复合排价格是铜排（T2）的 60％，因此以较低成本可选较大截面，降低温升，达到低阻抗、低能耗。

2. 铜铝复合母线

铜铝复合母线（KFM、CMC、CFM）（图 3-8）的导体一种是以高标号工业导电纯铝为基体，外层包覆铜一次性拉制成型的双金属；另一种是以导电纯铝为导体，表面采用先进的镀铜工艺，使其导体表面覆盖一层铜，它是将铝的高质量导电性能、低成本的能源与铜的高化学稳定性，较低的接触电阻复合为一体的新型导体材料，特殊的加工工艺使铝导体整体表面较硬，其机械性能和电气性能均等同于铜导体，铜铝复合体表面再生成的柔软镀锡层，进一步增强导体的抗氧化性能和通电质量。

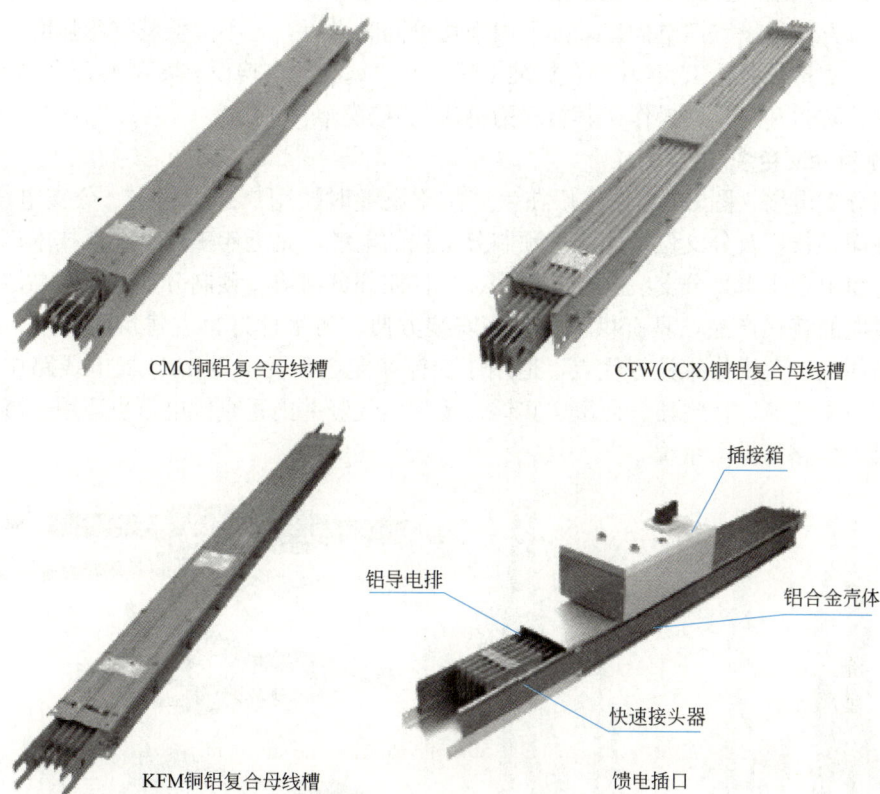

CMC铜铝复合母线槽

CFW(CCX)铜铝复合母线槽

KFM铜铝复合母线槽

馈电插口

插接箱

铝导电排

铝合金壳体

快速接头器

图 3-8　铜铝复合母线

　　超轻比重的铝导体，将大幅降低产品的成本，减少工程项目的基础投资，减轻产品的自身重量，为广大施工单位减轻安装强度。

　　铜铝复合母线适用于高层建筑、多层工业厂房、机床密集的车间、产品工艺多变的车间、老车间及厂房的改造，各种实验室、展览馆、体育馆、宾馆、银行、娱乐等场所作电力馈电及配电使用。具有安全可靠、安装方便、施工灵活、体积小容量大、设计施工周期短、使用寿命长等特点。

　　铜铝复合母线槽适用于额定电压 1000V 以下、额定工作电流 250～5000A、频率 50～60Hz 的输配电系统。

　　铜铝复合母线槽的结构性能如下：

　　（1）体积小、结构紧凑，外壳采用冷轧薄钢一次冷轧成型波纹槽结构，整体组装后形成高强型管状结构，可大大增强母线槽系统的强度；且母线导体通长固定于外壳瓦楞槽中，也增强了系统的动热稳定性。可彻底解决施工现场大跨距安装的难题。

　　（2）散热性能优越、载流量大、抗短路电流高。成型盖板展开面积大，具有较好"散热片"效果，每根母排均与外壳直接紧贴，有利于热量的直接散发和各相间的均匀散热。

　　（3）可配置成三相四线，其五线制外壳很具特色，独特的 PE 小槽使 PE 线直接卡制与母线槽外壳，直接达到 PE 与外壳的电气连通，最大限度地保障操作者的安全。

（4）采用标准配置的单臂锁紧接头器，连接可靠方便。

（5）可方便地设置馈电插口，上下两面均可同时设置，且不降低其抗弯强度。馈电插接口的安全防护等级达 IP5X（符合标准 IEC529）。每套插口均设有特制的开合锁定装置，可防污物、防尘和防止误操作，其材料为 ABS 工程模塑料。

3. 预制分支电缆

预制分支电缆（图 3-9）是工厂在生产主干电缆时按用户要求的主、分支电缆型号、规格、截面、长度及分支位置等指标预制分支线的电缆，是近年来的一项新技术产品。预制分支电缆由主干电、分支线、分支接头、附件四部分组成。预制分支电缆是高层建筑中母线槽供电的替代产品，具有供电可靠、安装方便、防水性好，占建筑面积小、故障率低、价格便宜、免维修维护等优点，适用于交流额定电压为 0.6/1kV 配电线路中。广泛应用于高中层建筑、住宅楼、商厦、宾馆、医院电气竖井内垂直供电，也适用于隧道、机场、桥梁、公路等供电系统。

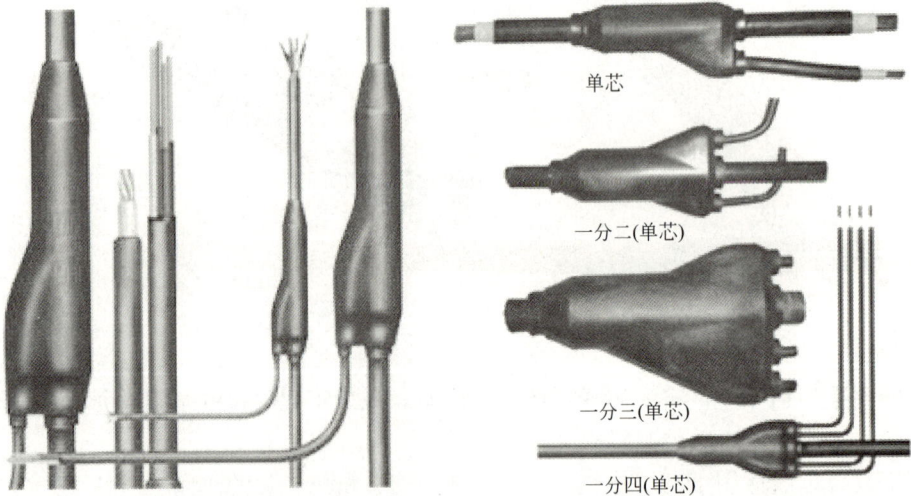

单芯

一分二(单芯)

一分三(单芯)

一分四(单芯)

图 3-9　预制分支电缆

4. 模块化电缆密封系统

模块化电缆密封系统也叫密封封堵模块，它的应用范围很广，可作为密封保护装置用在电缆/管道穿隔墙体、机柜、甲板、舱壁等处，它由可变内径密封模块、隔层板、框架、压紧块组成。在安装时会配以润滑脂，按电缆/管道规格选择合适的模块，在穿越处安装框架，将电缆全部穿过框架，剥去模块的内芯层，用模块夹住电缆/管道，安装好压紧件，完成安装。

可变内径密封模块：由三元乙丙无卤阻燃橡胶制成，密封模块为核心部件，采用可剥薄片式变径结构，以适配不同外径的电缆/管道。可变内径密封模块，可根据电缆外径进行自动调整，可密封直径为 3.0～100.0mm 的电缆、管道，起到防水、火、气体、尘埃、小动物和电磁干扰的作用。事先预留的框架空间和备用模块，可以随时拆卸，为将来改装或加装新电缆提供方便。

隔层板：安装在矩形框架各排开口之间用于防止电缆和管线被拔出。

框架：提供电缆/管道穿隔密封所需的标准密封空间，按其安装方式，可分为焊接、栓接及浇注等方式。

附件：一般是压紧块、隔层板、润滑脂等。

压紧块通过调节螺栓来压紧和固定整个密封装置，从而实现整体密封。

润滑脂为天然动物脂，用于润滑密封模块，压紧块和框架内部，可确保正确的压紧和安全的密封。

框架及模块和电缆的密封，如图 3-10、图 3-11 所示。

图 3-10　框架及模块

图 3-11 电缆的密封

模块化电缆密封系统技术性能要求如下：

（1）与防火泥封堵相比，三元乙丙无卤阻燃橡胶水（气）密性、防爆性、防震性好，绝缘性能优良，阻燃达 4h，适用温度范围广，最低使用温度－40～－60℃，可长期在 130℃条件下使用。

（2）采用可变内径密封模块，安装简单，改扩容方便。密封模块的防火性能、水（气）密性能、防鼠咬虫蛀性能、使用寿命等能够满足设计要求。

（3）安装时，应根据电缆的型号、规格、数量选择适当规格的框架，再根据每个框架中电缆型号选择相应的模块、压紧件以及润滑脂。

（4）电缆在模块内不得有松动现象，模块与电缆、模块与框架之间接触部分不得有缝隙；模块表面应保持平整；压紧件上的螺栓必须拧紧。

（5）应满足《防火封堵材料》GB 23864、《电缆防火涂料通用技术条件》GA 181、《电气装置安装工程电缆线路施工及验收标准》GB 50168 等现行规范要求。

5. 导线连接器

全国每年的建筑电气火灾大多因电线接头老化引起。虽然现实非常严峻，但依然未能引起大多数人的关注。再加上国内建筑装饰行业长期关注营销而忽视工艺，造成电线连接工艺无法获得升级，普遍使用黑胶布、压线帽和接线端子，这些传统连接方法无法有效地确保导体接触力，无法隔绝空气，特别是潮湿空气的侵袭，造成线头氧化，电阻增大，发热增大，安全隐患骤增。

《建筑电气施工质量验收规范》GB 50303—2015 明确提出采用防尘防潮能力达 IP55 以上防护等级的"防水抗氧化导线连接器"更为安全可靠。

欧美国家使用"导线连接器"的历史可追溯到 20 世纪 20 年代，使用导线连接器不仅实现高可靠的电气连接，而且由于不借助特殊工具、可完全徒手操作，使安装过程十分快捷、高效，平均每个电气连接耗时仅 10s，为传统焊锡工艺的三百分之一。到 20 世纪 40 年代，导线连接器已全面替代"焊锡＋胶带"工艺，广泛应用于建筑电气工程中。

导线连接器（图 3-12）具有以下优点：

（1）外壳阻燃材料，耐温 105℃。

（2）连接牢固，不易松脱，连接好后可承受接近 80kg 的拉力。

（3）单股线多股线皆适用，通用型强。

（4）线与线之间直接传导电流，不存在载流量的概念，接头只起紧固作用，并不参与导电过程，根据电气原理学，电气线路中参与导电的环节越少，可靠性越高。

（5）耐压绝缘，绝缘电压达 600V。

（6）操作简单快捷，单个连接器操作约 10s，大量节约工时，提高施工效率。

传统导线连接器虽具有较多优点，但防护等级为 IP20，依然未能解决连接好后内部导体的密封问题，长期使用，内部导体氧化较快，存在一定的安全隐患。

3.1.4 新型照明设备

1. LED 灯具

利用 LED 作为光源制造出来的照明器具就是 LED 灯具（图 3-13）。LED（Lighting Emitting Diode）照明即发光二极管照明，是一种半导体固体发光器件。它是利用固体

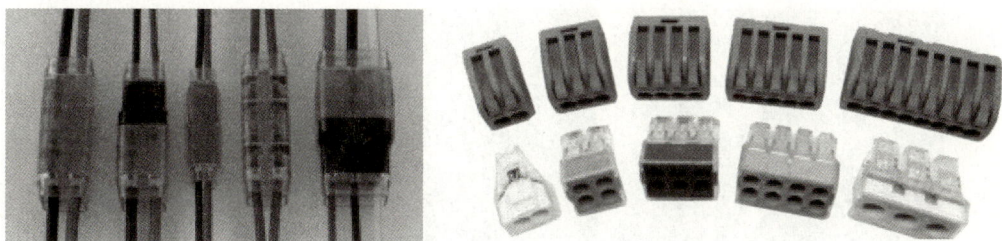

图 3-12　导线连接器

半导体芯片作为发光材料，在半导体中通过载流子发生复合放出过剩的能量而引起光子发射，直接发出红、黄、蓝、绿色的光，在此基础上，利用三基色原理，添加荧光粉，可以发出任意颜色的光。发光二极管灯具以其高效、节能、安全、长寿、小巧、清晰光线等技术特点，正在成为新一代照明市场的主力产品，且有力地拉动环保节能产业的高速发展。

图 3-13　LED 灯具

2. 太阳能路灯

太阳能路灯（图 3-14）是采用晶体硅太阳能电池供电，免维护阀控式密封蓄电池（胶体电池）储存电能，超高亮 LED 灯具作为光源，并由智能化充放电控制器控制，用于代替传统公用电力照明的路灯。

太阳能是取之不尽，用之不竭，清洁无污染并可再生的绿色环保能源。利用太阳能发电，具有无可比拟的清洁性、高度的安全性、能源的相对广泛性和充足性、长寿命以及免维护性等其他常规能源所不具备的优点，光伏能源被认为是 21 世纪最重要的新能源。太阳能路灯无需铺设线缆、无需交流供电、不产生电费；采用直流供电、控制；具有稳定性好、寿命长、发光效率高、安装维护简便、安全性能高、节能环保、经济实用等优点，可广泛应用于城市主、次干道、小区、工厂、旅游景点、停车场等场所。

太阳能路灯系统可以保障阴雨天气 15 天以上正常工作。它的系统组成是由 LED 光源（含驱动）、太阳能电池板、蓄电池（包括蓄电池保温箱）、太阳能路灯控制器、路灯灯杆（含基础）及辅料线材等几部分构成。

太阳能电池组件一般选用单晶硅或者多晶硅太阳能电池组件；LED 灯头一般选用大功率 LED 光源；控制器一般放置在灯杆内，具有光控、时控、过充过放保护及

图 3-14　太阳能路灯

反接保护的功能，更高级的控制器具备四季调整亮灯时间功能、半功率功能、智能充放电功能等；蓄电池一般放置于地下或有专门的蓄电池保温箱内，可采用阀控式铅酸蓄电池、胶体蓄电池、铁铝蓄电池或者锂电池等。太阳能灯具全自动工作，不需要挖沟布线，但灯杆需要装置在预埋件（混凝土底座）上。

3. 风能路灯

风能路灯是一种利用风能作为能源的路灯，因其具有不受供电影响，不用开沟埋线，不消耗常规电能，只要风力充足就可以就地安装等特点，因此受到人们的广泛关注，又因其不污染环境，而被称为绿色环保产品。风能路灯适用于沿海地带公园、道路、草坪的照明，又可用于人口分布密度较小，交通不便经济不发达、缺乏常规燃料，难以用常规能源发电，但风力资源丰富的地区，以解决这些地区人们的家用照明问题。

风能路灯（图 3-15）整个灯体分为上下两个部分，上部由涡轮扇叶和内置照明设备组成，下部由距离探测器、信号收发装置及电力设备组成。其工作原理是利用机动车高速驶过所产生的风力带动扇叶转动从而实现发电照明的目的。

图 3-15　风能路灯

4. 风光互补路灯

风光互补是一套发电应用系统，该系统是利用太阳能电池方阵、风力发电机（将交流电转化为直流电）将发出的电能存储到蓄电池组中，当用户需要用电时，逆变器将蓄电池组中储存的直流电转变为交流电，通过输电线路送到用户负载处，是风力发电机和太阳电池方阵两种发电设备共同发电。

风光互补路灯（图 3-16）可根据不同的气候环境配置不同型号的风力发电机，在有限的条件内以达到风能利用最大化为目的。

太阳能电池板采用目前转换率最高的单晶硅太阳能电池板，大大提升了太阳能的发电效能，有效改善了当风资源不足的情况下，太阳能电池板因转换率不足，导致充电不足，无法保证灯正常亮灯的问题。

图 3-16　风光互补路灯

风光互补路灯控制器是风光互补路灯系统内最主要的部件，起着对其他部件发号指令与协同工作的主要作用。风光互补控制器集光控亮灯、时控关灯、自动功率跟踪、自动卸荷、过充过放保护功能于一身，性能稳定可靠，得到客户的一致好评。

风光互补路灯采用高性能大容量免维护胶体电池，为风光互补路灯提供充足的电能，保证了阴雨天时 LED 风光互补路灯光源的亮灯时间，大大提升了系统的稳定性。

风光互补路灯具有以下优势：

（1）节能减排，节约环保，无后期大量电费支出。资源节约型和环境友好型社会正成为大势所趋。对比传统路灯，风光互补路灯以自然中可再生的太阳能和风能为能源，不消耗任何非再生性能源，不向大气中排放污染性气体，致使污染排放量降低为零。长久下来，对环境的保护不言而喻，同时也免除了后期大量电费支出的成本。

（2）免除电缆铺线工程，无需大量供电设施建设。市电照明工程作业程序复杂，缆沟开挖、敷设暗管、管内穿线、回填等基础工程，需要大量人工；同时，变压器、配电柜、配电板等大批量电气设备，也要耗费大量财力。风光互补路灯则不会，每个路灯都是单独个体，无需铺缆，无需大批量电气设备，省人力又省财力。

（3）个别损坏不影响全局，不受大面积停电影响。由于常规路灯是电缆连接，很可能会因为个体的问题，而影响整个供电系统；风光互补发电路灯则不会出现这种情况。分布式独立发电系统，个别损坏不会影响其他路灯的正常运行，即使遇到大面积停电，亦不会影响照明，不可控制的损失因此大幅降低。

（4）节约大量电缆开销，更免受电缆被盗的损失。电网普及不到的偏远地区安装路灯，架线安装成本高，并会有严重的偷盗现象。一旦偷盗，影响整个电力输出，损失巨大。使用风光互补路灯则不会有此顾虑，每个路灯独立，免去电缆连接，即使发生偷盗现象也不会影响其他路灯的正常运作，将损失降到最低。

（5）智能控制，免除人工操作，施工简单，维护方便。风光互补路灯由智能控制器控制，可分为时控、光控两种自动控制方式，兼具安全性和经济性；自身独立一体的供电系统，不受大面积电路施工干扰，工序简单，工期短，维护更加方便。

（6）城市亮化。作为新兴的能源系统，在节约成本和提高系统稳定的同时起到了一定了亮化作用，在传统能源占据大部分市场的今天，新能源无疑成为城市和社区的一大亮点。

（7）提高人们的节能意识。传统能源的匮乏以及对环境的污染已经到了必须解决的地步。全球的大气污染相当严重，新能源的利用可有效提高人们的节能意识，使生活更加优质和节能。

风光互补路灯是利用风能和太阳能进行供电的智能路灯，同时还兼具了风力发电和太阳能发电两者的优势，为城市街道路灯提供稳定的电源。风光互补路灯的工作原理示意图如图 3-17 所示。

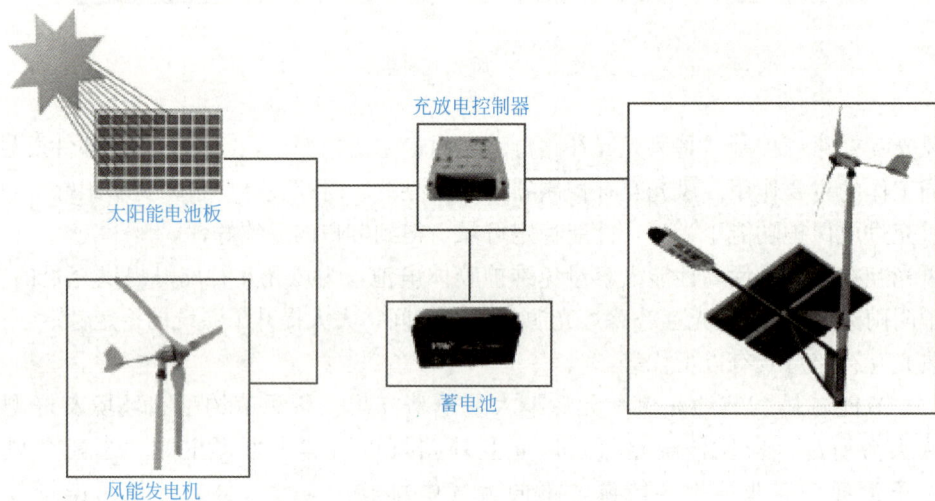

图 3-17　风光互补路灯工作原理示意图

3.1.5　智慧城市、智慧家居系统设备

1. 智慧城市系统设备

智慧城市（Smart City）是指利用各种信息技术或创新概念，将城市的系统和服务打通、集成，以提升资源运用的效率，优化城市管理和服务，以及改善市民生活质量。智慧城市是把新一代信息技术充分运用在城市中各行各业基于知识社会下一代创新（创新2.0）的城市信息化高级形态，实现信息化、工业化与城镇化深度融合，有助于缓解"大城市病"，提高城镇化质量，实现精细化和动态管理，并提升城市管理成效和改善市民生

活质量。关于智慧城市的具体定义比较广泛，目前在国际上被广泛认同的定义是，智慧城市是新一代信息技术支撑、知识社会下一代创新（创新 2.0）环境下新的城市形态，强调智慧城市不仅仅是物联网、云计算等新一代信息技术的应用，更重要的是通过面向知识社会的（创新 2.0）的方法论应用，构建用户创新、开放创新、大众创新、协同创新为特征的城市可持续创新生态。

（1）智慧城市建设的基本内容

智慧城市的建设包括了 6 种基本的内容，如图 3-18 所示，具体包括云计算数据中心、基础通信、终端、典型应用系统、物联网以及业务支撑平台。

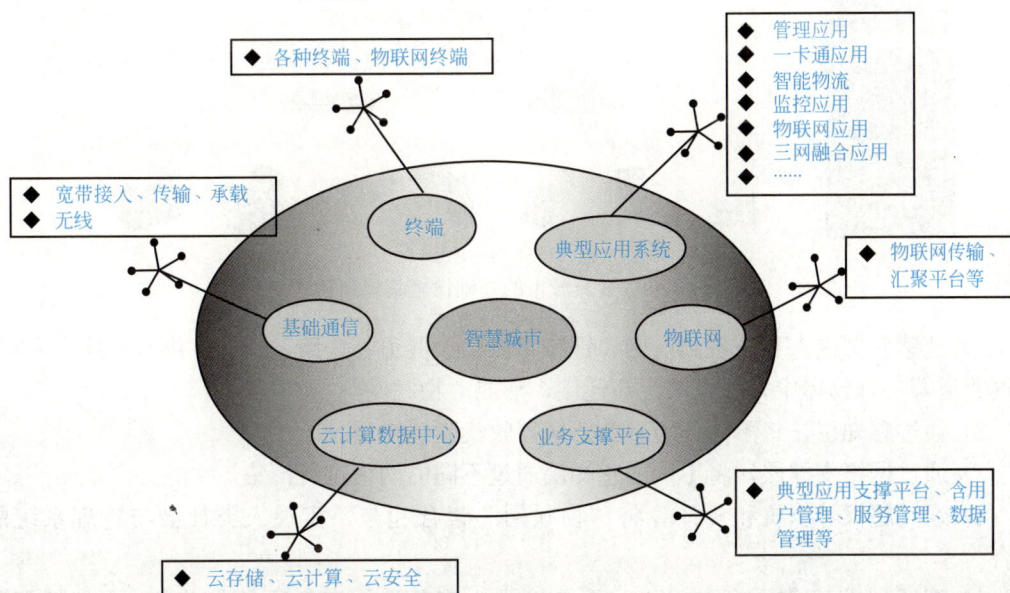

图 3-18　智慧城市的建设内容

1）云计算数据中心。是承载智慧化应用，构成各种支撑能力的核心基础设施。一方面承载各种物联网、三网融合等的数据，更重要的是承载用户行为数据，构成智慧化应用的核心能力。

2）基础通信。包括宽带接入、承载以及传输等有线宽带网络，3G/4G/5G 蜂窝通信网络以及无线 WiFi 全覆盖。

3）终端。包括各种终端，如 PC，电视，电话，各种瘦终端，物联网终端等。

4）业务支撑平台。支撑各种智慧化应用的业务，包括订单管理，用户管理，服务管理以及各种基本能力支撑，如数据库，基本的管理应用系统等。

5）物联网。物联网传输、汇聚以及物联网信息采集、存储、预处理等系统。

6）典型应用系统。主要是包括各种应用系统，如管理应用，一卡通应用，智能物流，监控应用，三网融合应用等。

（2）智慧城市基础设施集成

如图 3-19 所示，智慧城市中基础设施的集成主要分为感知层、网络层、平台层以及应用层。

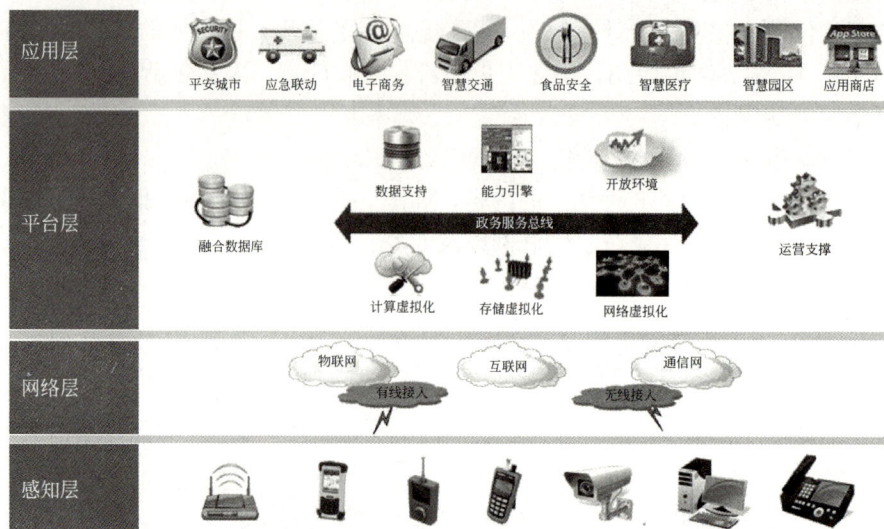

图 3-19　智慧城市的基础设施集成架构

1）把感应器嵌入和装备到电网、铁路、桥梁、隧道、公路、建筑、供水系统、大坝、油气管道等各种物体中，并且被泛在连接，形成"物联网"。

2）通过感知层，将不同环境下的感应器收集到感知层。

3）通过网络支撑层，将不同的感知层通过不同的网络进行汇集。

4）通过超级计算机和云计算将"物联网"整合起来，实现人类社会与物理系统的整合。

5）把新一代 IT 技术面向用户，面向产业，充分运用在各行各业之中，更加精细和动态的方式管理生产和生活，从而达到"智慧"状态。

2. 智慧家居系统设备

智慧家居系统是利用先进的计算机技术、网络通信技术、智能云端控制、综合布线技术、医疗电子技术依照人体工程学原理，融合个性需求，将与家居生活有关的各个子系统如安防、灯光控制、窗帘控制、煤气阀控制、信息家电、场景联动、地板采暖、健康保健、卫生防疫、安防保安等有机地结合在一起，通过网络化综合智能控制和管理，实现"以人为本"的全新家居生活体验。智能家居的工作原理如图 3-20 所示。

智慧家居又称智能家居、智能住宅，在国外常用 Smart Home 表示。与智慧家居系统含义近似的有家庭自动化、电子家庭、数字家园、家庭网络、网络家居、智能家庭/建筑，在我国香港和台湾等地区，还有数码家庭、数码家居等称法。

（1）智慧家居系统的体系结构

智慧家居系统应该包括传感器、输出设备、家居设备、控制中心、数据库、系统安全保护层、中间件、传输层、应用层及物理应急设备。智慧家居体系结构图如图 3-21 所示。

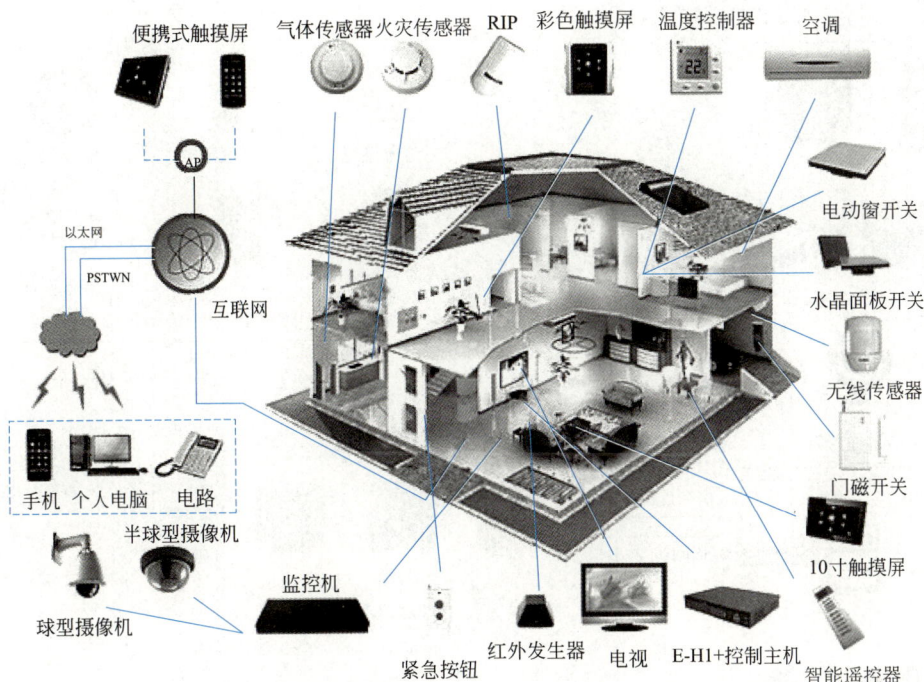

图 3-20　智能家居的工作原理示意图

根据 2012 年 4 月 5 日中国室内装饰协会智能化委员会《智能家居系统产品分类指导手册》的分类依据，智能家居系统产品共分为二十种：

控制主机（集中控制器）。Smart home Control Center。

智能照明系统。Intelligent Lighting System（ILS）。

电器控制系统。Electrical Apparatus Control System（EACS）。

家庭背景音乐。Whole Home Audio（WHA）。

家庭影院系统。Speakers，A/V & Home Theater。

对讲系统。Video Door Phone（VDP）。

视频监控。Cameras and Surveillance。

防盗报警。Home Alarm System。

电锁门禁。Door Locks & Access Control。

智能遮阳（电动窗帘）。Intelligent Sunshading System/Electric Curtain。

暖通空调系统。Thermostats & HVAC Controls。

太阳能与节能设备。Solar & Energy Savers。

自动抄表。Automatic Meter Reading System（AMR）。

智能家居软件。Smarthome Software。

家居布线系统。Cable & Structured Wiring。

家庭网络。Home Networking。

厨卫电视系统。Kitchen TV & Bathroom Built-In TV System。

运动与健康监测。Exercise and Health Monitoring。

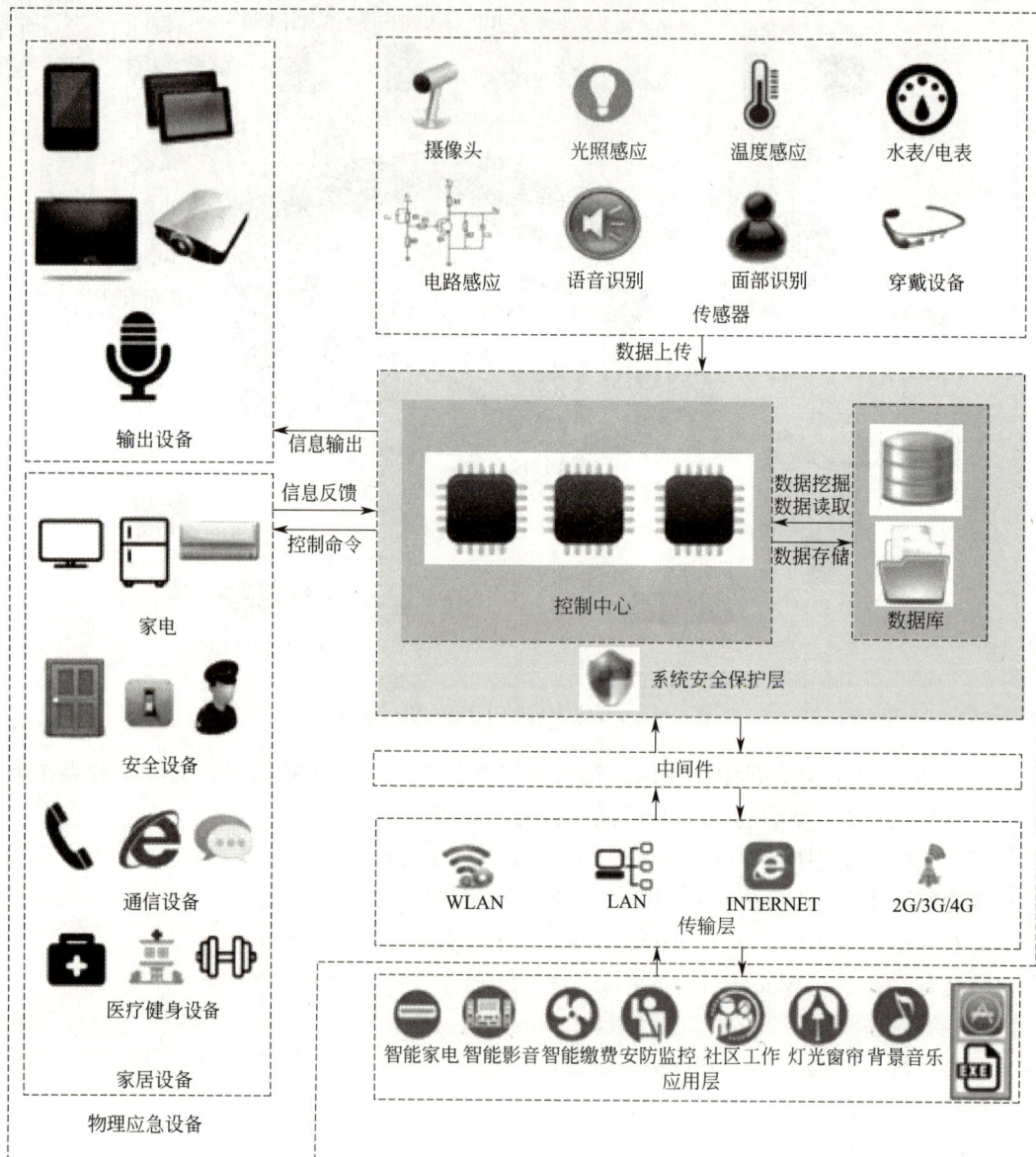

图 3-21　智慧家居体系结构图

花草自动浇灌。Automatic Watering Circuit。

宠物照看与动物管制。Pet Care & Pest Control。

（2）智慧家居的技术协议

智慧家居领域由于其多样性和个性化的特点，也导致了技术路线和标准众多，没有统一通行技术标准体的现状，从技术应用角度来看主要有三类主流技术：

1）第一类——总线技术类

总线技术的主要特点是所有设备通信与控制都集中在一条总线上，是一种全分布式智能控制网络技术，其产品模块具有双向通信能力，以及互操作性和互换性，其控制部件都可以编程。典型的总线技术采用双绞线总线结构，各网络节点可以从总线上获得供电，亦通过同一总线实现节点间无极性、无拓扑逻辑限制的互联和通信。

总线技术类产品比较适合于楼宇智能化以及小区智能化等大区域范围的控制，但一般设置安装比较复杂，造价较高，工期较长，只适用新装修用户。

2）第二类——无线通信技术类

无线通信技术众多，已经成功应用在智能家居领域的无线通信技术方案主要包括：射频（RF）技术（频带大多为 315MHz 和 433.92MHz）、VESP 协议、IrDA 红外线技术、HomeRF 协议、Zigbee 标准、Z-Wave 标准、Z-World 标准、X2D 技术等。

无线技术方案的主要优势在于无需重新布线，安装方便灵活，而且根据需求可以随时扩展或改装，可以适用于新装修用户和已装用户。

3）第三类——电力线载波通信技术

电力线载波通信技术充分利用现有的电网，两端加以调制解调器，直接以 50Hz 交流电为载波，再以数百 kHz 的脉冲为调制信号，进行信号的传输与控制。

（3）智慧家居的交互平台

智能家居交互平台是一个具有交互能力平台，并且通过平台能够把各种不同的系统、协议、信息、内容、控制在不同的子系统中进行交互、交换。它具有如下特点：

1）每个子系统都可以脱离交互平台独立运行

智能家居交互平台中，各个子系统在脱离交互平台时能够独立运行，如果楼寓对讲、家庭报警、各种电器控制、门禁、家庭娱乐等。各子系统在交互平台管理下运行，平台能采集各子系统的运行数据，系统的联动。

2）不同品牌的产品、不同的控制传输协议能通过这个平台进行交互

由于有了交互平台，不同子系统在交互平台的统一管理下，可以协同工作和运行数据额交换、共享，给用户最大限度的选择权，充分体现智能家居的个性化。同时，它还具有网关的功能，通过交互平台，能与广域网连接，实现远程控制、远程管理。具有多种主流的控制接口，如 RS485、RS232、TCP、IP 等，同时可以扩充添加国内外流行的控制接口，如 EIB、lonwork、CE-bus、Canbus，以及无线网络如：WiFi、GPRS、蓝牙等。根据客户及市场的变化不断增加各种总线、系统的驱动软件和硬件接口，丰富多样的通信、控制接口，为子系统的多样选择提供的基础保障，智能家居有了最大限度包容性，用户有了更大的选择余地。

3）智能终端（触摸屏）仅作为各子系统的显示、操作界面

整个系统在平台的控制、管理下运行，智能终端（触摸屏）仅作为各子系统的显示、操作界面，多智能终端配置容易可行。同时，可以记录各子系统的运行数据、为系统运行优化、自学习提供依据。交互平台，平台可以记录存储各系统的运行数据，对系统的运行可以提供有效的历史数据，同时可以根据历史的运行数据，总结出主人的使用习惯和某种规律，让系统能够自学习。

4）控制软件可编程（DIY），提供信息服务

此系统方便用户改变控制逻辑、控制方式、操作界面，用户的控制逻辑、操作界面可以自定义、可以 DIY。在现代的智能家居系统中，信息服务是非常重要的不可或缺的部分，有了信息服务，它给智能家居更多的"智慧"、给我们的生活提供更多的信息和资讯、

给智能家居赋予更生动的生命，它是智能家居更高的境界。信息服务内容包括：健康、烹饪、交通信息、生活常识、婴幼儿哺育、儿童教育、日常购物、社区信息、家居控制等，智能家居已不仅是面向控制的系统而是信息服务与控制有机结合的系统。

5）多种控制手段

在日常家居生活中，为了使我们对家庭的控制系统能随时掌控、需要的信息随时获取，操作终端的形式非常重要，多种形式的智能操作终端是必不可少，如：智能遥控器、移动触摸屏、电脑、手机、PDA 等。

第 2 节　给水排水及采暖工程新材料和新设备

3.2.1　给水排水设备

1. 一体化预制泵站

一体化预制泵站（图 3-22）是一种在工厂内将筒、泵、管道、控制系统和通风系统等主体部件集成为一体，并在出厂前进行预装和测试的泵站。

图 3-22　一体化预制泵站

一体化预制泵站的基本形式可分为干式一体化预制泵站和湿式一体化预制泵站。

干式一体化预制泵站是将水泵间和进水井集成在同一个井筒内，水泵采用湿式安装的一体化预制泵站。

湿式一体化预制泵站是由一个独立干区构成或将干区、湿区集成在同一个井筒内，水泵采用干式安装的一体化预制泵站。

一体化预制泵站由顶盖、玻璃钢（GRP）筒体、底座、潜水泵、服务平台、管道等部分组成，以满足增压提升排水要求的设备。其特点有：

（1）采用集成化设计，工厂预制，施工简单，安装周期短。

（2）自动化集成度高，可自动控制及监测运行状态，实现远程监控、无人值守。

（3）采用 CFD 流体动力学设计，具有流态好，自动清洗，防止堵塞。

（4）设备运行振动低，噪声低，质量可靠，安全性高。

（5）使用寿命长，节能环保，维保成本低。

（6）预制泵站可有效防止渗出液对土壤及地下水污染。

（7）占地面积小、采用地埋式安装，安装后与周围环境景观影响小，易于周围环境协调。

泵站安装前应做好相应的技术交底工作。泵站施工区排水系统，应根据站区地形、气象、水文、地质条件、排水量大小进行施工规划布置，并与场外排水系统相适应。泵坑开挖严格按方案进行开挖。泵站混凝土底板可选择预制施工、直接浇筑在坑底或直接浇筑在压实层上。泵站起吊时，吊钩受力应均匀，宜用起吊套索或吊绳来保护泵站和泵盖以免夹坏。泵站吊装时泵站的进出口方向应与进出水管方向一致，泵站应垂直安装，并固定地脚螺栓。泵坑回填应在泵站筒体安装无误后进行，回填土中颗粒最大尺寸不宜超过 25mm，回填宜分层逐一回填，每层高度不宜超过 30cm，回填土压实度应符合设计要求及《建筑地基基础工程施工质量验收标准》GB 50202 的规定。

一体化预制泵站广泛应用于城镇雨污水排水；小区商场雨污水排水；铁路公路客运站排水；洪涝应急排水；铁路、公路排水；原水取水；建筑给水、排水；市政给水、排水等。

2. 箱式一体化泵站

箱式一体化泵站（图 3-23）也称作智能化箱式泵站、箱式无负压供水设备。箱式一体化泵站是在原有的变频恒压供水设备与无负压供水设备基础上升级开发而来的，它由不锈钢水箱、专用水泵、智能变频控制柜、无负压装置、增压装置、引水装置和稳压罐等组成，是由计算机技术、变频技术与电机泵组合的新型的机电一体化供水设备，其水泵、控制柜、无负压装置等设备置于水箱中，通过水箱隔板使设备与水箱中的水隔离。

图 3-23 箱泵一体化设备

该一体化泵站属于生活供水类，主要由水泵、水箱、智能变频控制技术等组成，实现生活智能供水。以满足城市供水管网中，抽水时既不产生负压，又有一定的调蓄能力，高峰期间不断水停水的要求。它改变了传统的由水泵、管道、阀门及控制柜的简单组合的模式，满足了当今人们对生活自动智能供水设备的需求。其特点有：

（1）无独立泵房、节省空间：水泵和泵室放置在水箱中且固定在一体化泵站的专用模块上，取代了传统泵房的形式。

（2）节能环保、智能清洗：智能型箱泵一体化泵站利用了自来水管网原有压力进行叠加，充分做到节能。同时可选配自动清洁器，实现智能清洗。

（3）移动拆装方便、使用寿命长：适用性更强、安装更方便、对水质无污染。

（4）无负压功能：在用水高峰、官网压力不够的情况下用水箱里储存的水，不降低该设备周围的服务压力。

（5）升级简便：可留有接口可支持远程传输，自动清洗、杀菌、消毒。

（6）维护方便：在正常供水的情况下可对设备进行维护更换。

箱式一体化泵站适用于城市管网压力较充足的地区加压给水；工矿企业的生产、生活用水、自来水厂的大型给水中间加压泵站；新建、改建、扩建住宅楼、办公楼、宾馆、饭店等公共建筑生活用水、建筑消防、生产供水及喷淋等各种领域。

3. 净化水设备

净化水设备（图 3-24）是将原水经过一定的净化工艺后，使出水水质达到或满足一定用水标准的制备工艺设备。常见的净化水设备不仅包括家用净水器，在水质较差、饮水困难、人口密集的地区，生活日常用水（洗菜、烧水、做饭、洗澡等）受到影响时，单靠一台家用净水器难以解决问题，而大型净化水设备便可以在此时派上用场。大型净水器从功能上弥补了小型净水器供水能力局限性的问题，可以满足大面积人群不同层次的用水难题。

图 3-24　净化水设备

小型净水设备工艺源于大型的工业净水设备，大型净化水设备一直未受到大众的关注，究其原因在于大众健康饮水观念不强，直到直饮水、矿泉水、桶装水等饮水来源频繁亮红灯后，健康用水的观念才广泛被大众接受，特别是一些以井水、河水、湖泊水为直接水源的地区，未经处理直接烧开饮用这种饮水方法极容易导致饮水疾病的发生。因此有必要对某些水质较差的地区安装大型的净化水设备，进一步净化水质，确保民众日常用水的安全。

（1）工艺流程

净化水设备可细分为：超滤深度净化水系统、苦咸水/海水淡化系统、直饮水（分质供水）系统、软化水系统。

超滤深度净化水系统工艺流程：原水→原水池→原水增压泵→石英砂过滤器→活性炭过滤器→软水器→加药装置→精密过滤器→超滤膜组件→杀菌装置→产水箱→变频恒压供水→用水点

苦咸水淡化系统工艺流程：原水（苦咸水）→原水箱→预处理系统→加药装置→高压泵→反渗透设备→紫外线→臭氧→储水塔→净化水

直饮水系统工艺流程：原水→原水箱→原水增压泵→多介质过滤器→软水器→RO 反渗透机组→储水箱→变频控制器→增压泵→消毒系统→供水管网→用水点

软化水系统工艺流程：原水→原水箱→原水增压泵→石英砂过滤器→活性炭过滤器→软水器→储水箱→增压泵→用水点

（2）设备单元

预处理系统包括石英砂过滤器和活性炭过滤器两部分。

石英砂过滤器：填充石英砂吸附水中的铁锈、泥砂、大颗粒杂质以降低浊度保证下级过滤的效果。

活性炭过滤器：填充活性炭吸附水中的胶体、有机物、漂白粉等有机溶剂，保证下级过滤效果。

软化器：填充软水树脂除去水中的钙镁等离子，降低水质硬度，保证下级过滤效果。

精密过滤器：滤除水中 $0.2\mu m$ 以上的微粒和细菌，实现高精度过滤，保证反渗透入水要求。

反渗透机组：通过 RO 反渗透膜有效地去除水中的带电离子、无机物、胶体微粒、细菌及有机物质，高效脱盐以生产纯水。

超滤膜组件：利用超滤压差的膜分离技术，过滤精度可以达到 $0.01\mu m$，可滤除水中的铁锈、泥沙、细菌、大分子有机物等有害物质，并保留对人体有益的一些矿物质元素。

（3）应用范围：净化水设备主要应用于大型工业区、居民区生活用水净化，写字楼、宾馆、酒店分质供水，油田、煤矿、矿山等就近地区水质净化。

3.2.2　采暖设备

1. 燃气壁挂式采暖炉

燃气壁挂式采暖炉（图 3-25），我国标准名称为"燃气壁挂式快速采暖热水器"。主要由燃

图 3-25　燃气壁挂式采暖炉

气燃烧系统、采暖循环系统、生活热水循环系统、安全保护控制系统四大部分组成。可使用的燃气类型有天然气、液化气，一些专用的机型也可使用人工煤气。标准燃气壁挂炉提供采暖及卫生热水两种运行模式。燃气壁挂炉可与散热器系统、地板辐射系统、风机盘管

系统等配套。

燃气壁挂炉具有强大的家庭中央供暖功能，能满足多居室的采暖需求，并且能够提供大流量恒温卫生热水，供家庭沐浴、厨房等场所使用。

2. 太阳能热水设备

太阳能热水设备是将太阳光能转化为热能的加热装置，将水从低温加热到高温，以满足人们在生活、生产中的热水使用。太阳能热水设备按结构形式分为真空管式太阳能热水器（图 3-26）和平板式太阳能热水器（图 3-27）。

图 3-26　真空管式太阳能热水器集热器

图 3-27　平板式太阳能热水器集热器

太阳能热水设备由集热器、保温水箱、支架、连接管道、控制部件等组成。

（1）集热器

系统中的集热元件。其功能相当于电热水器中的电热管。和电热水器、燃气热水器不同的是，太阳能集热器利用的是太阳的辐射热量，故而加热时间只能在太阳照射度达到一定值时方可。

（2）保温水箱

储存热水的容器。通过集热管采集的热水必须通过保温水箱储存，防止热量损失。太阳能热水器的容量是指热水器中可以使用的水容量，不包括真空管中不能使用的容量。对承压式太阳能热水器，其容量指可发生热交换的介质容量。

太阳能热水器保温水箱由内胆、保温层、水箱外壳三部分组成。

水箱内胆是储存热水的重要部分，其用材料强度和耐腐蚀性至关重要。市场上有不锈钢、搪瓷等材质。保温层保温材料的好坏直接关系着保温效果，在寒冷季节尤其重要。较好的保温方式是聚氨酯整体发泡工艺保温。外壳一般为彩钢板、镀铝锌板或不锈钢板。保温水箱要求保温效果好，耐腐蚀，水质清洁。

（3）支架

支撑集热器与保温水箱的架子。要求结构牢固、稳定性高、抗风雪、耐老化、不生锈。材质一般为不锈钢、铝合金或钢材喷塑。

（4）连接管道

太阳能热水器是将冷水先进入蓄热水箱，然后通过集热器将热量输送到保温水箱。蓄热水箱与室内冷、热水管路相连，使整套系统形成一个闭合的环路。设计合理、连接正确的太阳能管道对太阳能系统是否能达到最佳工作状态至关重要。太阳能管道必须做保温处理，北方寒冷地区需要在管道外壁铺设伴热带，以保证用户在寒冷的冬季也能用上太阳能热水。

（5）控制部件

太阳能热水器需要自动或半自动运行，控制系统是不可少的，常用的控制器是自动上水、水满断水并显示水温和水位，带电辅助加热的太阳能热水器还有漏电保护、防干烧等功能。市场上有手机短信控制的智能化太阳能热水器，具有水温水位查询、故障报警、启动上水、关闭上水、启动电加热等功能。

3.2.3　卫生设备

1. 同层排水设备

同层排水（图 3-28）是卫生间排水系统中的一项新技术，排水管道在本层内敷设，采用了一个共用同层排水系统的水封管配件代替诸多的 P 弯、S 弯，整体结构合理，所以不易发生堵塞，而且容易清理、疏通，用户可以根据自己的爱好和意愿，个性化的布置卫生间洁具的位置。

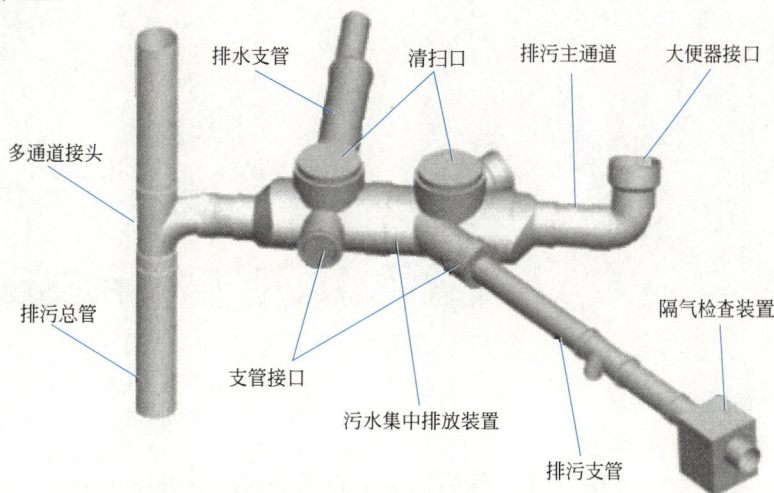

图 3-28　同层排水系统

同层排水相对于传统的隔层排水处理方式，同层排水方案最根本的理念改变是通过本层内的管道合理布局，彻底摆脱了相邻楼层间的束缚，避免了由于排水横管侵占下层空间而造成的一系列麻烦和隐患，其优点是：

（1）房屋产权明晰：卫生间排水管路系统布置在本层（套）业主家中，管道检修可在本（家中）内进行，不干扰下层住户。

（2）卫生器具的布置不受限制：因为楼板上没有卫生器具的排水管道预留孔，用户可自由布置卫生器具的位置，满足卫生洁具个性化的要求，开发商可提供卫生间多样化的布置格局，提高了房屋的品位。

（3）排水噪声小：排水管布置在楼板上，被回填垫层覆盖后有较好的隔声效果，从而排水噪声大大减小。

（4）渗漏水概率小：卫生间楼板不被卫生器具管道穿越，减小了渗漏水的概率，也能有效地防止疾病的传播。

（5）不需要旧式 P 弯或 S 弯：由"座便接入器""多功能地漏"和"多功能顺水三通"接入，取代了传统下排水方式中各个卫生器具设置的 P 弯或 S 弯。

2. 免冲水小便器

免冲水小便器（图 3-29）就是方便后不用冲水的小便器。免冲水小便器是当今世界推崇节能减排、低碳环保的绿色产品。免冲水小便器无需配套冲水阀，无需安装供水管线；因为免冲水所以无水垢的产生，避免造成排水管道堵塞，保持了管道的畅通，营造了一个真正清新的卫厕环境，同时避免了水资源的浪费。

免冲水小便器不但可以大量的节约安装、管道、施工、维护等成本，还可有效地节约宝贵的淡水资源，由于缸体采用生物降解技术材料，日后也对环境无任何污染，减少废料垃圾，抑制细菌传播，同时它清洁方便、安装简单、绿色环保，在当今倡导环保节能的背景下，有着极为重要的作用。

图 3-29　免冲水小便器

3.2.4　新型管材及附件

1. PE-RT 地暖管

PE-RT 管（图 3-30）即耐热聚乙烯管，是 Polyethylene of raised temperature resistance 的英文缩写，是一种可以用于热水管的非交联的聚乙烯，也称"耐高温非交联聚乙烯"。它是一种采用特殊的分子设计和合成工艺生产的一种中密度聚乙烯，它采用乙烯和辛烯共聚的方法，通过控制侧链的数量和分布得到独特的分子结构，来提高管材的耐热性。其特点有：

（1）良好的稳定性和长期的耐压性能：管材匀质性好，性能稳定，具有良好的抗热蠕变性能，优良的长期耐静液压能力。

（2）良好的抗化学腐蚀性能、耐老化、寿命长：在工作温度为 70℃、压力为 0.8MPa 条件下，可安全使用 50 年以上。

（3）抗冲击性能好，安全性高，脆裂温度低：管材具有优越的耐低温性能，在低温环境下也可以施工，并且在弯曲时管道无需预热。

（4）管道易于弯曲，方便施工：弯曲半径小（$R \leqslant 5D$），弯曲部分的应力可以很快得到松弛，可避免在使用过程中由于应力集中而引起管道在弯曲处出现破坏。

（5）良好的环境适应性，可盘管供货，重量轻，柔韧性好；铺设方便经济，降低施工成本。

图 3-30　PE-RT 地暖管

2. 保温管

保温管（图 3-31）又称管中管，保温管是由高密度聚乙烯外保护层、聚氨酯硬质泡沫和芯管组成。PPR 保温管的硬质聚氨酯泡沫充分填满芯管与高密度聚乙烯外保护层管之间的间隙，并具有一定的粘接强度，使芯管、高密度聚乙烯外保护层管及聚氨酯保温层三者之间形成一个牢固的整体。保温管的特点有：

（1）降低工程造价。

（2）热损耗低，节约能源。

（3）防腐，绝缘性能好，使用寿命长。

（4）占地少，施工快，有利于环境保护。

（5）安全。

图 3-31　PPR 保温管、镀锌保温管、不锈钢保温管

3. PVC 成品式预埋套筒

在建筑施工中，PVC 排水管穿越楼层混凝土现浇板时，排水管道根部的渗漏时有发生，较难处理。PVC 成品式预埋套筒（图 3-32）以其特殊的外部结构和粗糙的外表面，可以和混凝土牢固结合，克服传统施工方法复杂的缺点，无需托模补洞，PVC 预埋套筒一次预埋完成，楼板底面平整，降低了渗漏的概率，确保了工程质量，保证了使用功能。

图 3-32　PVC 成品式预埋套筒

PVC 成品式预埋套筒施工主要工序有：模板上的定位放线→预埋套筒安装固定→混凝土浇筑→清理→安装竖向管道。排水塑料管必须按设计要求及位置装设伸缩节。当设计无要求时，伸缩节间距不得大于 4m，两组套筒间宜加伸缩节。

4. 物联网水表

物联网水表（图 3-33）是具有水流量信号采集和数据处理、存储，并通过公共陆地移动网络实现数据交换的水表。物联网水表是应用了物联网技术的远传水表，是最新一代远传水表。它显著的特点之一是它的综合成本很低，特别是安装成本，就跟普通机械水表一样，无需打孔、布线等现场操作，只要把表装在管道上就可以运行了，所有的调试完全在计算机终端完成，全国推广起来简便易行。物联网水表删繁就简，从表具端到云端无任何中间环节，即使出现问题也仅是个表问题，维护和运行成本可降至最低。

物联网水表按照数据传输方式可分为：CDMA 水表、GPRS 水表、NB-IOT 水表。CDMA、GPRS 属于 2G 通信技术，因为数据传输和数据本身的安全、智能水表设备功耗大及无线网络覆盖能力弱等问题，增加了管理的难度和成本。NB-IOT 属于物联网专用通信网络，同时 NB-IOT 具有高安全、广覆盖、低功耗、大连接的优势。

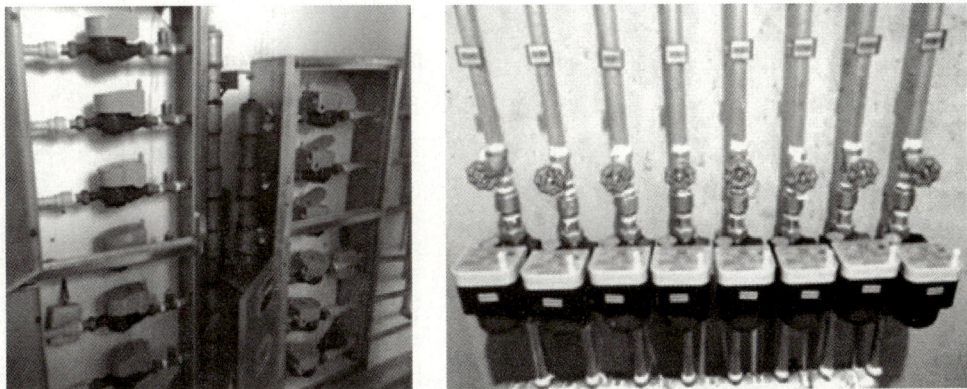

图 3-33　物联网水表

物联网水表按照口径大小可分为：小口径水表（$DN15 \sim DN40$）、大口径水表（$DN50$ 以上）。小口径水表主要使用在用户端，对于抄表的频率要求比较低，不需要实时上传数据，主要为了满足抄表，同时实现人力的解放。大口径水表分为计量表和考核表，计量表主要实现功能就是远程抄读用水量，而考核表需要实时的用水数据，以达到考核分析的功能。

第 3 节　通风与空调工程新材料和新设备

3.3.1　蓄冷设备

冰（水）蓄冷技术基本原理是利用夜间的低谷电力制冷，以冰（低温水）的形式蓄存，在白天用电高峰期停止运行空调机组，使用夜间机组所制的冰（低温水）释放冷量。移峰填谷，既缓解电网供电紧张，又利用夜间廉价电费，节省空调制冷机组的整体运行成本。

冰蓄冷与水蓄冷相比，储存同样多的冷量，冰蓄冷所需的体积将比水蓄冷所需的体积小得多。水蓄冷空调具有投资小，运行可靠，制冷效果好，经济效益明显的特点，节省空调运行费用，还可实现大温差送水和应急冷源。水蓄冷相对于冰蓄冷系统投资大，调试复杂，推广难度较大的情况来说，水蓄冷具有经济简单的特点，可利用大型建筑本身具有的消防水池来进行冷量储存，所以水蓄冷技术具有广阔的发展空间和应用前景，其社会效益体现在可以平衡电网负荷，减少电厂投资，净化环境，符合国家产业政策发展方向。如图 3-34 所示。

图 3-34　蓄冷设备

3.3.2 热泵设备

热泵（Heat Pump）是一种将低位热源的热能转移到高位热源的装置，也是全世界倍受关注的新能源技术。它不同于人们所熟悉的可以提高位能的机械设备——"泵"；热泵通常是先从自然界的空气、水或土壤中获取低位热能，经过电力做功，然后再向人们提供可被利用的高位热能。如图 3-35 所示。

图 3-35 热泵设备

通常用于热泵装置的低温热源是我们周围的介质——空气、河水、海水，城市污水，地表水，地下水，中水，消防水池，或者是从工业生产设备中排出的工质，这些工质常与周围介质具有相接近的温度。热泵装置的工作原理与压缩式制冷机是一致的，在小型空调器中，为了充分发挥其效能，夏季空调降温或冬季取暖，都是使用同一套设备来完成。

按热源种类不同分为：空气源热泵，水源热泵，地源热泵，双源热泵（水源热泵和空气源热泵结合）等。

3.3.3 热源分配设备（空调末端冷热水分配及柔性多联装置）

1. 空调末端冷热水分配及柔性多联装置

空调末端冷热水分配及柔性多联装置（图 3-36）由多功能水力平衡分配器、保温柔性一体管、专用对接接头和专用支吊架组成的冷热水分配、输送及连接装置组成，安装于空调末端与水系统支干管之间，具有水力平衡、集中控制和远程联动功能。

2. 保温柔性一体管

保温柔性一体管由具备良好耐热性能、一定承压能力及柔韧性的塑料管道和外覆保温材料一体组成。用于连接室内末端换热设备（风机盘管等）和水力平衡分配器的一体式供回水管。

3. 多功能水力平衡分配器

多功能水力平衡分配器由分集水器本体、支路流量控制阀、手动调节阀、电动阀、旁通阀、过滤器、排气阀、排污阀、远程控制组件、网络数据控制传输组件、换热组件、循环水泵、测量组件和集中控制器组成，具备支路流量控制、压差旁通、主机和末端联动控制、远程控制、供回水温度和压力监测等水力调节和电气控制功能，用于空调末端水系统

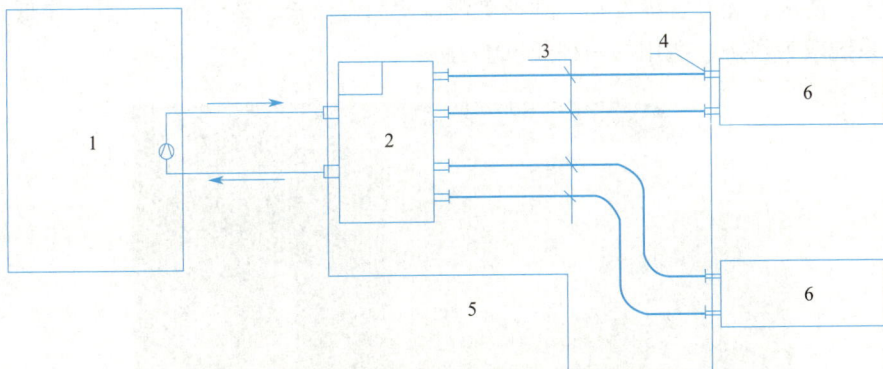

图 3-36 空调末端冷热水分配及柔性多联装置

1—冷热源；2—水力平衡分配器；3—保温柔性一体管；4—专用对接接头；

5—空调末端水分配及柔性多联装置；6—末端换热设备（如风机盘管等）

的水力平衡和系统控制。

4. 控制器

集成在水力平衡分配器上，可采集测量组件和室内温控器的温度、压力、流量和开关指令等信号，控制末端换热设备（风机盘管等）与支路流量控制阀，并可为冷热源主机提供联动起停信号，具有监测、计量、调节和联网等功能。

3.3.4 风管材料

1. 布袋风管

布袋风管系统（图 3-37）是一种由特殊阻燃纤维织成的融合了传统送风管、静压箱、风阀、散流器、保温材料等各种功能为一体的送出风末端系统。通过流体计算管径的大小，设计出风方式，依靠纤维渗透和喷孔射流独特的出风模式，合理布局风管系统，能够均匀立体式送风。

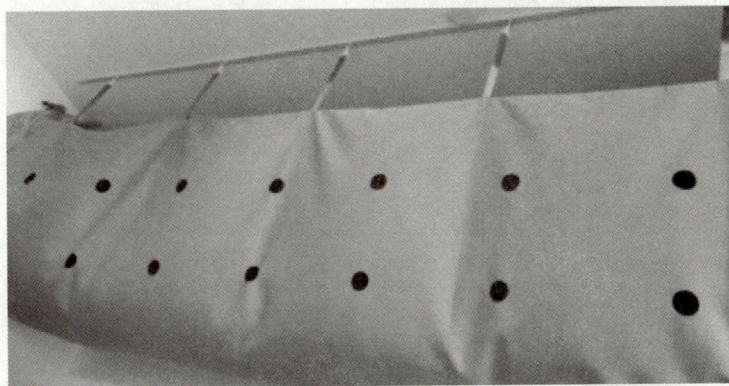

图 3-37 布袋风管系统

2. 玻纤风管

玻纤风管（图 3-38）是以超细纤板为基础，经特殊加工复合而成。玻纤板风管的主要控制参数包括基材玻璃棉导热性能、厚度、密度、覆面层以及所使用辅料的氧指数等。

玻纤复合风管具有良好的保温和消声性能；同时风管具有材质轻、漏风量小、施工周期短、防火、防潮、无有害挥发物、外形美观、使用寿命长、造价低等特点，是低、中压空调通风系统较为经济、适用的一种通风管道。

图 3-38　玻纤风管

3.3.5　风口

中央空调风口是中央空调系统中用于送风和回风的末端设备，是一种空气分配设备。送风口将制冷或者加热后的空气送到室内，而回风口则将室内污浊的空气吸回去，两者形成整个空气循环，在保证室内制冷采暖效果的同时，也保证了室内空气的制冷及舒适度。随着人们对居住环境的要求越来越高，风口的发展也日新月异，各种新型风口不断出现。如图 3-39、图 3-40 所示。

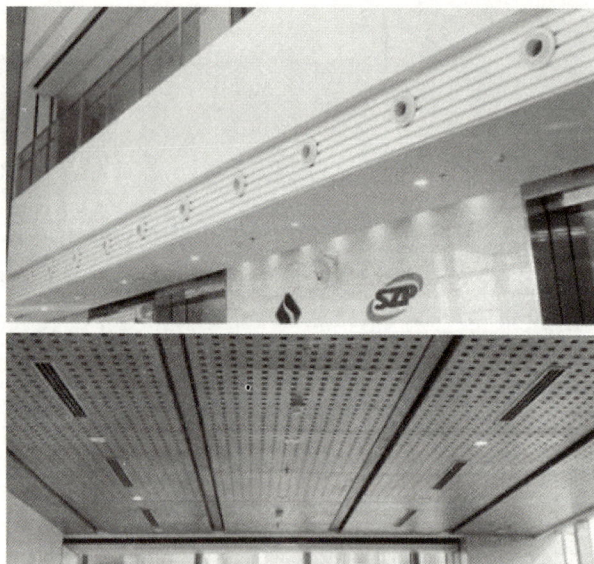

图 3-39　智能温控风口

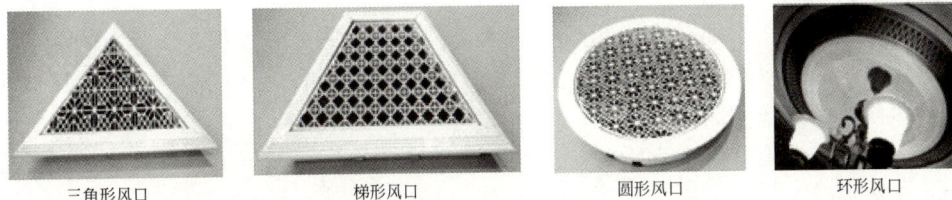

| 三角形风口 | 梯形风口 | 圆形风口 | 环形风口 |

图 3-40　新型风口

3.3.6　自控设备

空调自动控制系统是利用自动控制装置，保证某一特定空间内的空气环境状态参数达到期望值的控制系统。

空调自动控制就是通过对空气状态参数的自动检测和调节，保持空调系统处于最优工作状态并通过安全防护装置，维护设备和建筑物的安全。主要的环境状态参数有温度、湿度、清洁度、流速、压力和成分等。实现空调系统调节的自动控制化，不仅可以提高调节质量，降低冷、热量的消耗，节约能量，同时可以减轻劳动强度，减少运行人员，提高劳动生产率和技术管理水平。

1. 自控系统组成

空调自控系统主要由传感器、控制器、执行调节机构组成。

（1）传感器

传感器又称敏感元件、变送器，需要进行调节的参数称为被调参数。在空调控制系统中常用的传感器种类很多，有温度传感器，湿度传感器，压力和压差传感器，焓值、含湿量变送器等。传感器就是感受被调参数的大小，并及时发出信号给调节器。如敏感元件发出的信号与调节器所要求的信号不符时，则需要利用变送器将敏感元件发出的信号转换成调节器所要求的标准信号，因此传感器的输入是被调参数，输出的是检测信号。

（2）控制器

它接受传感器输出的信号并与给定值进行比较，并按设定的控制模式对执行机构发出调节信号。任一时刻被调节参数的实测值与给定值之差称偏差，控制器对偏差按一定的模式进行计算，并给出调节量。

常用的控制模式有：

双位控制——开关控制（如压差开关，流量开关等）；

比例控制（P）——调节量正比于偏差；

积分控制（I）——调节量正比于偏差对时间的积分；

微分控制（D）——调节量正比于偏差对时间的导数。

（3）执行调节机构

执行调节机构根据来自控制器的调节信号驱动调节机构，如接触器，电动阀门的电动机，电磁阀门的电磁铁，气动薄膜等执行机构。调节机构与执行机构紧密相连，称为执行调节机构，实现执行调节功能。

2. 控制功能

对空调系统进行控制，其控制功能主要包括：

（1）温、湿度监视。即对新风、回风和排风进行温度和湿度监视，为系统温、湿度的调节提供依据。

（2）风阀的控制。即对新风阀门和回风阀门进行开关量的控制或模拟量的调节。

（3）冷/热水阀门的调节。即根据测量温度和设定温度之间的温差调节阀门的开度，使温差保持在精度范围内。

（4）加湿阀的控制。即在空气湿度低于设定的下限或者超过上限时，分别控制加湿阀的打开与关闭。

（5）风机控制。即实现对风机的启停控制或者变频调速控制。

第4节　其他设备安装新材料和新设备

3.4.1　新型保温材料、彩色 PVC 保护板

1. 彩色橡塑保温材料

彩色橡塑保温（图 3-41）是一款新产品，彩色橡塑保温不仅具有普通橡塑保温具有的防止结露、防火性能好、导热系数低、安装方便等优点外，还具有系统识别度高、外形美观、观感效果佳等特点。

图 3-41　彩色橡塑保温

2. 彩色 PVC 保护板

彩色 PVC 保护板（图 3-42）可用于管道保温外护材料、消防管道彩色外保护层等处，彩色 PVC 保护板可根据管道设计要求选用不同的样色，成型效果美观，观感效果好。

图 3-42　彩色 PVC 保护板

3. 成型 U-PVC 保温外壳

成型 U-PVC 保温外壳（图 3-43）是预制成型的产品，便于安装，是一种整洁统一、

干净美观的适用于管道及设备的外保护及其保温外包外壳的系统。

图 3-43 成型 U-PVC 保温外壳

U-PVC 保温外壳材料是在 PVC 材料中添加阻燃剂、抗紫外线和抗老化成分后形成的专用特种材料。U-PVC 保温外壳具有耐腐蚀、防酸碱、抗老化、抗紫外线、耐候性能好等特点，使用寿命更长；同时，阻燃级别达到国家标准的 B1 级，消防性能好。U-PVC 保温外壳定型产品多，各种管件均可实现工厂化生产。U-PVC 保温外壳有白色、黑色、红色、深蓝、黄色、绿色等多种规格，可根据管道类型和装饰效果合理选用。U-PVC 保温外壳自身重量轻，不到金属保护层的 1/5，安装简单、便捷，不需要大型机具设备，节省了工程费用，施工速度快，节约了施工工期。U-PVC 保温外壳拆卸轻便灵活，便于清洗维护和重复利用；表面光洁，清洗方式简单、价格低廉，性价比高。U-PVC 保温外壳具有抗压、抗折皱功能，韧性好，能自身恢复原来状态，安装完后不易被损坏，达到系统美观完整、密封性能好的要求。U-PVC 保温外壳清洁度高，能达到 GMP 认证要求，防火等级为难燃 B1 级，使用广泛。

3.4.2 新型支吊架

1. 成品支架

成品支架（图 3-44）是直接由厂家生产出定型型钢以及各种连接件，然后交由施工人员进行现场装盘的支吊架系统。成品支吊架系统安装方便，维修便捷，有缩短工期，减少维修时间等优点。成品支吊架主要应用在建筑给排水工程、建筑电气工程、建筑暖通工程、太阳能光伏系统、地铁支架系统、综合管廊等系统中。

图 3-44 成品支架

2. 抗震支吊架

抗震支吊架是与建筑结构体牢固连接，以地震力为主要荷载的抗震支撑设施。由锚固体、加固吊杆、抗震连接构件及抗震斜撑组成。如图 3-45、图 3-46 所示。

HKJ-A　　　　　HKJ-B　　　　　HKZ-L1　　　　　HKZ-L2

HKZ-T1　　　　HKZ-T2　　　　HKZ-H1　　　　　HKZ-H2

HKZ-A3　　　　HKZ-A3-U　　　　HKL-A　　　　　HKL-B

图 3-45　抗震连接构件

图 3-46　抗震支吊架

对重力大于 1.8kN 的设备或吊杆长度大于 300mm 的吊杆悬挂管道，需进行抗震设防，具体应包括以下主要内容：

（1）悬吊管道中重力大于 1.8kN 的设备。

（2）DN65 以上的生活给水、消防管道系统。

（3）矩形截面面积大于等于 0.38m^2 和圆形直径大于等于 0.7m 的风管系统。

（4）对于内径大于等于 60mm 的电气配管及重力大于等于 150N/m 的电缆梯架、电缆槽盒、母线槽。

3.4.3　新型易燃易爆等危险品类材料

危险物品，是指易燃易爆物品、危险化学品、放射性物品等能够危及人身安全和财产安全的物品。所谓易燃易爆化学物品，系指以燃烧、爆炸为主要特性的压缩气体、液化气体、易燃液体、易燃固体、自燃物品和遇湿易燃物品、氧化剂和有机过氧化物以及毒害品、腐蚀品中部分易燃易爆化学物品。易燃易爆化学物品具有较大的火灾危险性，一旦发生灾害事故，往往危害大、影响大、损失大、扑救困难等，造成人员伤亡、损失资金、摧毁房屋等伤害。

1. 住房和城乡建设系统涉及危险化学品安全综合治理工作点内容

（1）深入推进城镇燃气使用环节安全治理。按照《城镇燃气管理条例》等法规以及燃气相关标准规范要求，督促燃气经营企业建立完善城镇燃气使用环节问题整改和重大危险源等台账，确保城镇燃气安全管理制度落实到位。

（2）加强公用设施运营危险化学品安全管理。指导各地区进一步督促城镇供水、污水处理企业加强安全生产制度的建立和落实、加氯间的安防监控、危险化学品的储存管理等。严格按照《住房城乡建设部办公厅关于加强城镇排水、污水处理等设施维护作业安全管理工作的通知》（建办城函〔2017〕443 号）要求，规范化粪池清掏作业，落实安全作业基本要求，配备安全防护设备和用品，严格化粪池检查和清淤作业。督促市政设施养护维修单位在市政设施抢修等工作中，按照危险化学品安全管理有关规定，做好所使用的乙炔、氧气等危险化学品采购、运输、储存和使用等环节安全管理工作。

（3）加强园林绿化危险化学品安全管理。强化城市绿化使用肥料和农药的安全管理，提倡使用低毒低残留农药和无害肥料，确需使用硝酸铵和氧乐果等危险化学品，须按实际需求通过正规渠道购置，不得超量囤积。做好危险化学品采购、运输、储存、使用等环节的记录和监管，严防泄漏、爆炸、中毒等安全事故发生。禁止在人员密集场所使用高毒和剧毒的农药。

（4）强化建筑业和房地产业危险化学品安全管控。进一步加大监督检查力度，督促工程参建单位认真落实安全生产主体责任，重点排查乙炔等易燃易爆品，以及油漆、涂料等有毒有害材料在储存、使用、废弃处置等过程中的安全风险和隐患，采取有效措施，防范火灾、爆炸、中毒等安全事故发生。

（5）住房和城乡建设系统涉及危险化学品安全风险的行业品种目录，见表 3-1。

住房和城乡建设系统涉及危险化学品安全风险的行业品种目录　　表 3-1

大类	类别名称	涉及的典型危险化学品	主要安全风险
45	燃气生产和供应业	燃气生产涉及液化石油气、天然气、煤气等易燃气体，液氨、硫化氢等有毒气体，原料涉及石油化工产品等易燃气体和易燃液体、盐酸、氢氧化钠等	爆炸、火灾、中毒、腐蚀

续表

大类	类别名称	涉及的典型危险化学品	主要安全风险
46	水的生产和供应业	(1)消毒使用液氯、次氯酸钠等	中毒、腐蚀
		(2)污水处理使用盐酸、氢氧化钠、过氧化氢等	腐蚀
		(3)污水中含有的汽油等易燃液体和硫化氢等有毒物质	火灾、爆炸、中毒
47	房屋建筑业	焊接使用乙炔、氧气	火灾、爆炸
48	土木工程建筑业	(1)焊接使用乙炔、氧气	火灾、爆炸
		(2)油漆稀释剂涉及丙酮、乙醇等	火灾、爆炸、中毒
50	建筑装饰和其他建筑业	油漆稀释剂涉及丙酮、乙醇等	火灾、爆炸、中毒
70	房地产业	(1)使用溶剂油、丙酮作为胶粘剂的稀释剂	火灾、爆炸、中毒
		(2)涂料涉及溶剂油等	火灾、爆炸、中毒
		(3)焊接使用乙炔、氧气	火灾、爆炸
78	公共设施管理业	(1)化粪池等场所涉及沼气、硫化氢、盐酸等	火灾、爆炸、中毒、腐蚀
		(2)绿化使用硝酸铵肥料和氧乐果等农药	爆炸、中毒
		(3)市政设施抢修使用乙炔、氧气等	火灾、爆炸

备注：第45大类"燃气生产和供应业"中涉及住房和城乡建设系统的内容为"人工煤气的生产"

2. 安全防范措施

（1）危险品库房、实验室、锅炉房、配电房、配气房、车库、食堂等要害部位，非工作人员未经批准严禁入内。

（2）各种安全防护装置、照明、信号、监测仪表、警戒标记、防雷、报警装置等设备要定期检查，不得随意拆除和非法占用。

（3）易燃易爆、剧毒、放射、腐蚀和性质相抵触的各类物品，必须分类妥善存放，严格管理，保持通风良好，并设置明显标志。仓库及易燃易爆粉尘和气体场所使用防爆灯具。

（4）木刨花、实验剩余物应及时清出，放在指定地点。

（5）易燃易爆，化学物品必须专人保管，保管员要详细核对产品名称、规格、牌号、质量、数量、查清危险性质。遇有包装不良、质量异变、标号不符等情况，应及时进行安全处理。

（6）忌水、忌沫、忌晒的化学危险品，不准在露天、低温、高温处存放。容器包装要密闭，完整无损。

（7）易燃易爆化学危险品库房周围严禁吸烟和明火作业。库房内物品应保持一定的间距。

（8）凡用玻璃容器盛装的化学危险品，必须采用木箱搬运。严防撞击、振动、摩擦、重压和倾斜。

（9）进行定期和不定期的安全检查，查出隐患，要及时整改和上报。如发现不安全的紧急情况，应先停止工作，再报有关部门研究处理。

第4章 新技术、新工艺

第1节 电气及智能化工程新技术和新工艺

4.1.1 导线连接器应用技术及工艺

1. 技术内容

（1）技术特点

通过螺纹、弹簧片以及螺旋钢丝等机械方式，对导线施加稳定可靠的接触力。按结构分为：螺纹型连接器、无螺纹型连接器（包括：通用型和推线式两种结构）和扭接式连接器，其工艺特点见表4-1，能确保导线连接所必需的电气连续、机械强度、保护措施以及检测维护4项基本要求。

符合 GB 13140 系列标准的导线连接器产品特点说明　　　　表 4-1

比较项目　　连接器类型	无螺纹型		扭接式	螺纹型
	通用型	推线式		
连接原理图例				
制造标准代号	GB 13140.3		GB 13140.5	GB 13140.2
连接硬导线（实心或绞合）	适用		适用	适用
连接未经处理的软导线	适用	不适用	适用	适用
连接焊锡处理的软导线	适用	适用	适用	不适用
连接器是否参与导电	参与		不参与	参与/不参与
IP 防护等级	IP20		IP20 或 IP55	IP20
安装工具	徒手或使用辅助工具		徒手或使用辅助工具	普通螺丝刀
是否重复使用	是		是	是

（2）施工工艺

1）安全可靠：应该是很成熟的，长期实践已证明此工艺的安全性与可靠性。

2）高效：由于不借助特殊工具、可完全徒手操作，使安装过程快捷，平均每个电气连接耗时仅 10s，为传统焊锡工艺的 1/30，节省人工和安装费用。

3）可完全代替传统锡焊工艺，不再使用焊锡、焊料、加热设备，消除了虚焊与假焊，导线绝缘层不再受焊接高温影响，避免了高举熔融焊锡操作的危险，接点质量一致性好，没有焊接烟气造成的工作场所环境污染。

主要施工方法：

1）根据被连接导线的截面积、导线根数、软硬程度，选择正确的导线连接器型号。

2）根据连接器型号所要求的剥线长度，剥除导线绝缘层。

3）如图 4-1 所示，安装或拆卸无螺纹型导线连接器。

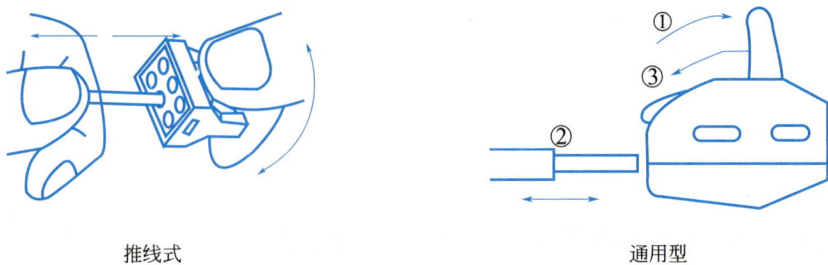

推线式　　　　　　　　　　　　　　　通用型

图 4-1　连接器的导线安装或拆卸示意图

4）如图 4-2 所示，安装或拆卸扭接式导线连接器。

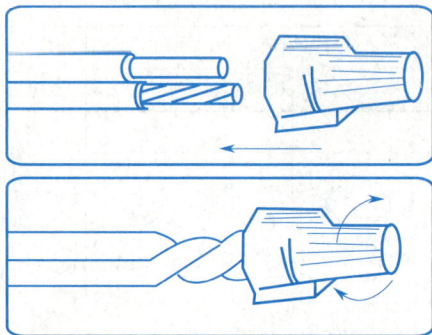

图 4-2　扭接式连接器的安装或拆卸示意图

2. 技术指标

国家现行标准规范《建筑电气工程施工质量验收规范》GB 50303、《建筑电气细导线连接器应用技术规程》CECS 421、《低压电气装置》GB/T 16895.6（第 5 部分：电气设备的选择和安装第 52 章布线系统）、《家用和类似用途低压电路用的连接器件》GB 13140。

3. 适用范围

此项技术适用于额定电压交流 1kV 及以下和直流 1.5kV 及以下建筑电气细导线（$6mm^2$ 及以下的铜导线）的连接。广泛应用于各类电气安装工程中。

4.1.2　可弯曲金属导管安装技术及工艺

1. 技术内容

可弯曲金属导管内层为热固性粉末涂料，粉末通过静电喷涂，均匀吸附在钢带上，经 200℃高温加热液化再固化，形成质密又稳定的涂层，涂层自身具有绝缘、防腐、阻燃、耐磨损等特性，厚度为 0.03mm。可弯曲金属导管是我国建筑材料行业新一代电线电缆外保护材料，已被编入设计、施工与验收规范，大量应用于建筑电气工程的强电、弱电、消防系统，明敷和暗敷场所，逐步成为一种较理想的电线电缆外保护材料。

（1）技术特点

1）可弯曲度好：优质钢带绕制而成，用手即可弯曲定型，减少机械操作工艺。

2）耐腐蚀性强：材质为热镀锌钢带，内壁喷附树脂层，双重防腐。

3）使用方便：裁剪、敷设快捷高效，可任意连接，管口及管材内壁平整光滑，无毛刺。

4）内层绝缘：采用热固性粉末涂料，与钢带结合牢固且内壁绝缘。

5）搬运方便：圆盘状包装，质量为同米数传统管材的 1/3，搬运方便。

6）机械性能：双扣螺旋结构，异形截面，抗压、抗拉伸性能达到现行《电缆管理用导管系统　第 1 部分：通用要求》GB/T 20041.1 的分类代码 4 重型标准。

（2）施工工艺

可弯曲金属导管基本型采用双扣螺旋结构、内层静电喷涂技术，防水型和阻燃型在基本型的基础上包覆防水、阻燃护套。使用时徒手施以适当的力即可将可弯曲金属导管弯曲到需要的程度，连接附件使用简单工具即可将导管等连接可靠。

1）明配的可弯曲金属导管固定点间距应均匀，管卡于设备、器具、弯头中点、管端等边缘的距离应小于 0.3m。

2）暗配的可弯曲金属导管应敷设在两层钢筋之间，并与钢筋绑扎牢固。管子绑扎点间距不宜大于 0.5m，绑扎点距盒（箱）不应大于 0.3m。

2. 技术指标

（1）主要性能

1）电气性能：导管两点间过渡电阻小于 0.05Ω 标准值。

2）抗压性能：1250N 压力下扁平率小于 25%，可达到现行《电缆管理用导管系统　第 1 部分：通用要求》GB/T 20041.1 分类代码 4 重型标准要求。

3）拉伸性能：1000N 拉伸荷重下，重叠处不开口（或保护层无破损），可达现行到《电缆管理用导管系统　第 1 部分：通用要求》GB/T 20041.1 分类代码 4 重型标准要求。

4）耐腐蚀性：浸没在 1.186kg/L 的硫酸铜溶液，可达到现行《电缆管理用导管系统　第 1 部分：通用要求》GB/T 20041.1 的分类代码 4 内外均高标准要求。

5）绝缘性能：导管内壁绝缘电阻值，不低于 50MΩ。

（2）技术规范/标准

国家现行标准规范《可挠金属电线保护套管》JG/T 3053、《电缆管理用导管系统　第 1 部分：通用要求》GB/T 20041.1、《电缆管理用导管系统　第 22 部分：可弯曲导管系统的特殊要求》GB/T 20041.22、《可挠金属电线保护管配线工程技术规范》CECS 87、《民用建筑电气设计规范》JGJ 16、《1kV 及以下配线工程施工与验收规范》GB 50575、《低压配电设计规范》GB 50054、《火灾自动报警系统设计规范》GB 50116 和《建筑电气工程施工质量验收规范》GB 50303。

3. 适用范围

此项技术适用于建筑物室内外电气工程的强电、弱电、消防等系统的明敷和暗敷场所的电气配管及作为导线、电缆末端与电气设备、槽盒、托盘、梯架、器具等连接的电气配管。

4.1.3　超高层垂直高压电缆敷设技术及工艺

1. 技术内容

（1）技术特点

在超高层供电系统中，有时采用一种特殊结构的高压垂吊式电缆，这种电缆不论多长多重，都能靠自身支撑自重，解决了普通电缆在长距离的垂直敷设中容易被自身重量拉伤的问题。它由上水平敷设段、垂直敷设段、下水平敷设段组成，其结构结构如图4-3所示：电缆在垂直敷设段带有3根钢丝绳，并配吊装圆盘，钢丝绳用扇形塑料包覆，与3根电缆芯绞合，水平敷设段电缆不带钢丝绳。吊装圆盘为整个吊装电缆的核心部件，由吊环、吊具本体、连接螺栓和钢板卡具组成，其作用是在电缆敷设时承担吊具的功能并在电缆敷设到位后承载垂直段电缆的全部重量，电缆承重钢丝绳与吊具连接采用锌铜合金浇铸工艺。

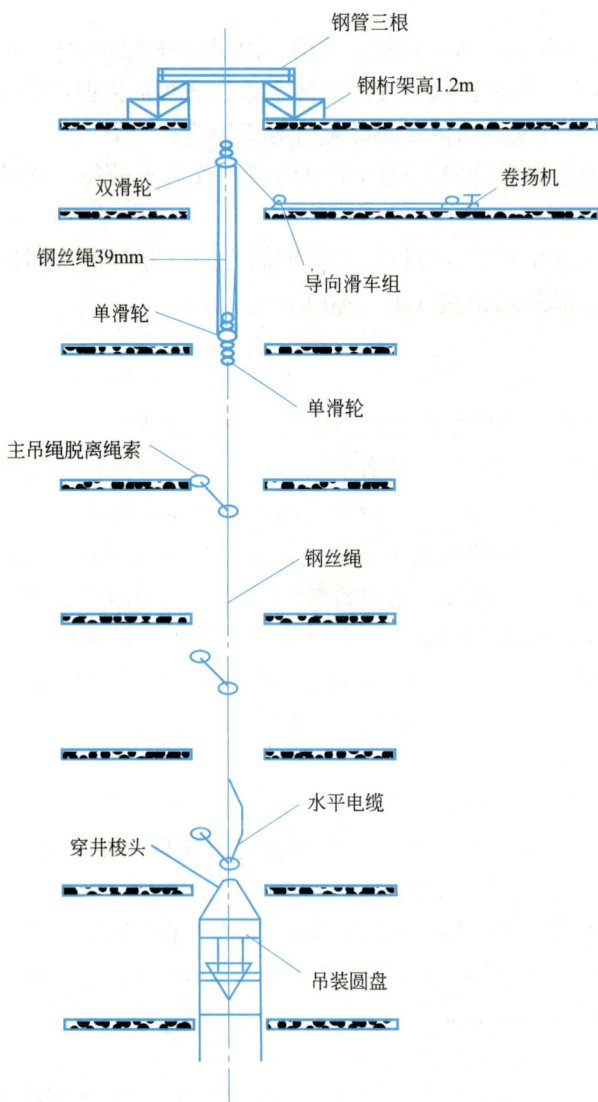

图 4-3　卷扬机分段提升示意图

（2）施工工艺

1）利用多台卷扬机吊运电缆，采用自下而上垂直吊装敷设的方法。

2）对每个井口的尺寸及中心垂直偏差进行测量，并安装槽钢台架。

3）设计穿井梭头，用以扶住吊装圆盘，让其顺利穿过井口。

4）吊装卷扬机布置在电气竖井的最高设备层或以上楼面，除吊装最高设备层的高压垂吊式电缆外，还要考虑吊装同一井道内其他设备层的高压垂吊式电缆。

5）架设专用通信线路，在电气竖井内每一层备有电话接口。指挥人、主吊操作人、放盘区负责人还必须配备对讲机。

6）电气竖井内要设置临时照明。

7）电缆盘至井口应设有缓冲区和下水平段电缆脱盘后的摆放区，面积 30～40m²。架设电缆盘的起重设备通常从施工现场在用的塔吊、汽车吊、履带吊等起重设备中选择。

8）吊装过程：选用有垂直受力锁紧特性的活套型网套，同时为确保吊装安全可靠，设一根直径 12.5mm 保险附绳，当上水平段电缆全部吊起，将主吊绳与吊装圆盘连接，同时将垂直段电缆钢丝绳与吊装圆盘连接。当吊装圆盘连接后，组装穿井梭头。在吊装过程中，在电气竖井井口安装防摆动定位装置，可以有效地控制电缆摆动。将上水平段电缆与主吊绳并拢，由下而上每隔 2m 捆绑，直至绑到电缆头，吊运上水平段和垂直段电缆。吊装圆盘在槽钢台架上固定后，还要对其辅助吊挂，目的是使电缆固定更为安全可靠。在吊装圆盘及其辅助吊索安装完成后，电缆处于自重垂直状态下，将每个楼层井口的电缆用抱箍固定在槽钢台架上。水平段电缆通常采用人力敷设。在桥架水平段每隔 2m 设置一组滚轮。

2. 技术指标

（1）应符合下列现行标准规范的相关规定：

国家现行标准规范《电气装置安装工程 电缆线路施工及验收标准》GB 50168、《建筑电气工程施工质量验收规范》GB 50303、《电气装置安装工程 电气设备交接试验标准》GB 50150、《建筑机械使用安全技术规程》JGJ 33、《施工现场临时用电安全技术规范》JGJ 46。

（2）技术要求

电缆型号、电压及规格应符合设计要求。核实电缆生产编号、订货长度、电缆位号，做到敷设准确无误；电缆外观无损伤，电缆密封应严密；电缆应做耐压和泄漏试验，试验标准应符合国家标准和规范的要求，电缆敷设前还应用 2.5kV 摇表测量绝缘电阻是否合格。

3. 适用范围

此项技术适用于超高层建筑的电气垂直井道内的高压电缆吊运敷设。

4.1.4 预制分支电缆施工技术

1. 主要技术内容

（1）技术特点：预制分支电缆是近年来的一项新技术产品，该产品根据各个具体建筑的结构特点和配电要求，将主干电缆、分支线电缆、分支连接体三部分进行特殊设计与制造，产品到现场经检查合格后可直接安装就位，极大地缩短了施工周期、减少了材料费用和施工费用，更好地保证了配电的可靠性。预制分支电缆由三部分组成：主干电缆、分支线、起吊装置，并具有三种类型：普通型、阻燃型、耐火型。预制分支电缆是高层建筑中母线槽供电的替代产品，具有供电可靠、安装方便、占用建筑面积小、故障率低、价格便宜、免维修等优点，目前已广泛应用于中高层建筑采用电气竖井垂直供电的系统和隧道、机场、桥梁、公路等供电系统。

（2）施工技术：采用预制分支电缆技术时，应先行测量建筑电气竖井的实际尺寸（竖井高度、层高、每层分支接头位置等），同时结合实际配电系统安装的位置量身定制，为避免因楼层功能改变引起容量的变动，宜将预制分支电缆的干线和支线截面均放大一级，特殊情况还应预留分支线以备使用。

（3）预制分支电缆的安装：预制分支电缆可以吊装或放装，采用放装（从上往下或从末端开始施放），用户需要向制造厂家提出，电缆在出厂复绕时要逆向复绕。无论是吊装还是放装，安装时每一楼层都要有专人监护，以免电缆刮伤。在电缆提升前应先安装钢丝网套，钢丝网套安装时要用扎紧线与电缆扎紧，其扎紧线应位于网套的末端。在电缆全部吊好后应及时将电缆固定在安装支架上，以减少网套承受的拉力，从而避免因拉力过大把电缆外护套拉坏。

2. 技术指标

《电气装置安装工程　电缆线路施工及验收标准》GB 50168、《建筑电气工程施工质量验收规范》GB 50303、《预制分支电力电缆安装》标准图集 00D101-7。

3. 适用范围

此项技术适用于中高层建筑交流额定电压为 0.6/1kV、中小负荷的配电线路。

4.1.5　电缆穿刺线夹施工技术

1. 主要技术内容

（1）技术特点：电缆穿刺线夹施工技术，是一种新型的电缆连接器技术，是代替分线箱、T接箱最佳的产品，施工时无需截断主电缆，可在电缆任意位置做分支，不需要对导线和线夹做特殊处理，操作简单、快捷，与常规接线方式相比，免去了剥除绝缘层、搪锡或压接端子、绝缘包扎等工序，减少了绝缘层、电线头等施工垃圾，降低了常规做法难以避免的环境污染，节省人工和安装费用。

（2）施工工艺：一般穿刺分支接头结构多采用绝缘线芯穿刺线夹工艺制作，穿刺分支电缆的绝缘穿刺线夹具有力矩螺母和穿刺结构，力矩螺母用于保证恒定的接触压力，确保良好的电气接触，并同穿刺结构一起使安装简便可靠。绝缘穿刺线夹的使用对干线的机械性能和电气性能影响小。

（3）施工方法：采用电缆穿刺线夹施工时，首先在主线电缆上确定分支线的位置，并在确定的部位剥去 200～500mm 外护套，将主线电缆芯线分叉，无需剥去电缆芯线内护层（绝缘层），将分支线直接插入具有防水功能的支线帽内（无需剥去绝缘层），再将线夹固定在主线电缆分支芯线处，在连接处用手拧紧线夹螺母，最后用套筒板手套固定线夹按顺时针拧紧线夹上的力矩螺母，当穿刺刀片与金属导体的接触达到最佳效果时力矩螺母便会自动断离，如图 4-4 所示，不需要对导线和线夹做特殊处理。

2. 技术指标

国家现行标准规范《电气装置安装工程　电缆线路施工及验收标准》GB 50168、《建筑电气工程施工质量验收规范》GB 50303、产品技术标准。

3. 适用范围

此项技术适用于中高层建筑 1kV 电系统绝缘电缆的分支连接。分支连接适用于 1.5～400mm^2 铜、铝导体的绝缘电缆。

步骤一	步骤二	步骤三	步骤四
将支线插入线夹支线帽	将线夹固定在主线的连接处	用扳手拧紧力矩螺母，固定线夹	拧至力矩螺母断离

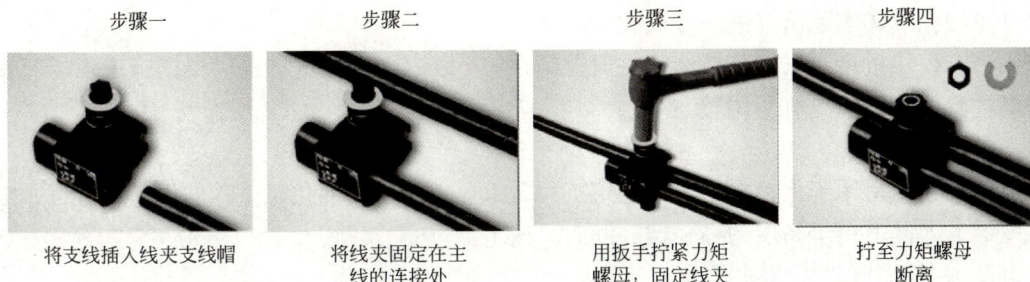

图 4-4　穿刺线夹安装示意图

第 2 节　给水排水及采暖工程新技术和新工艺

4.2.1　机电管线及设备工厂化预制技术及工艺

1. 技术内容

工厂模块化预制技术是将建筑给水排水、采暖、电气、智能化、通风与空调工程等领域的建筑机电产品按照模块化、集成化的思想，从设计、生产到安装和调试深度结合集成，通过这种模块化及集成技术对机电产品进行规模化的预加工，工厂化流水线制作生产，从而实现建筑机电安装标准化、产品模块化及集成化。利用这种技术，不仅能提高生产效率和质量水平，降低建筑机电工程建造成本，还能减少现场施工工程量、缩短工期、减少污染、实现建筑机电安装全过程绿色施工。如：

（1）管道工厂化预制施工技术：采用软件硬件一体化技术，详图设计采用"管道预制设计系统"软件，实现管道单线图和管段图的快速绘制；预制管道采用"管道预制安装管理系统"软件，实现预制全过程、全方位的信息管理。采用机械坡口、自动焊接，并使用厂内物流系统整个预制过程形成流水线作业，提高了工作效率。可采用移动工作站预制技术，运用自动切割、坡口、滚槽、焊接机械和辅助工装，快速组装形成预制工作站，在施工现场建立作业流水线，进行管道加工和焊接预制。

（2）对于机房机电设施采用标准的模块化设计，使泵组、冷水机组等设备形成自成支撑体系的、便于运输安装的单元模块。采用模块化制作技术和施工方法，改变了传统施工现场放样、加工焊接连接作业的方法。

（3）将大型机电设备拆分成若干单元模块制作，在工厂车间进行预拼装、现场分段组装。

（4）对厨房、卫生间排水管道进行同层模块化设计，形成一套排水节水装置，以便于实现建筑排水系统工厂化加工、批量性生产以及快速安装；同时有效解决厨房、卫生间排水管道漏水、出现异味等问题。

（5）主要工艺流程：研究图纸→BIM 分解优化→放样、下料、预制→预拼装→防腐→现场分段组对→安装就位。

2. 技术指标

（1）将建筑机电产品现场制作安装工作前移，实现工厂加工与现场施工平行作业，减少施工现场时间和空间的占用。

（2）模块适用尺寸：公路运输控制在 3100mm×3800mm×18000mm 以内；船运控制在尺寸 6000mm×5000mm×50000mm 以内。若模块在港口附近安装，无运输障碍，模块尺寸可根据具体实际情况进一步加大。

（3）模块重量要求：公路运输一般控制在 40t 以内，模块重量也应根据施工现场起重设备的具体实际情况有所调整。

3. 适用范围

此项技术适用于大、中型民用建筑工程、工业工程、石油化工工程的设备、管道、电气安装，尤其适用于高层的办公楼、酒店、住宅。

4.2.2　预制组合立管安装技术

预制组合立管（如图 4-5 所示）将一个管井内的拟组合安装的管道作为一个单元，以一个或几个楼层为一个单元节，单元节内所有管道及管道支架预先制作并装配，运输至施工现场进行整体安装的一组管道。

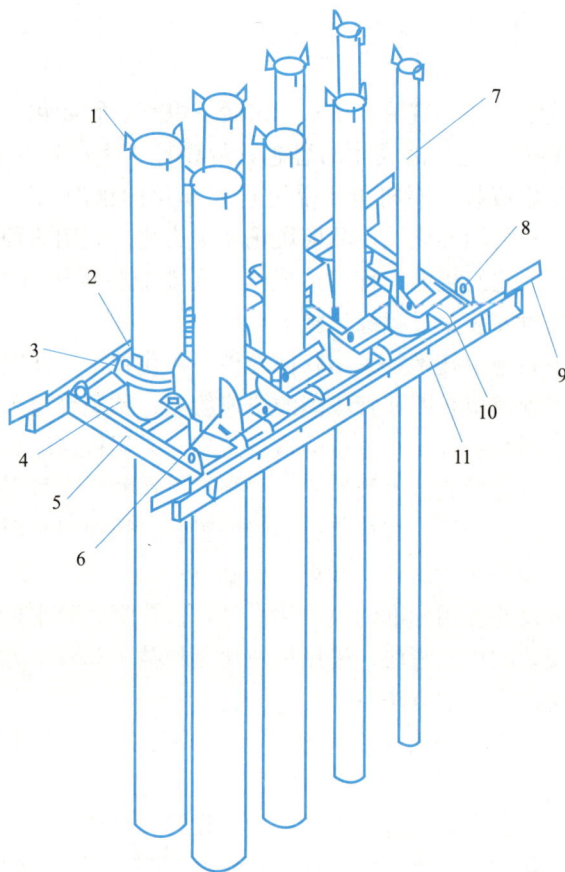

图 4-5　预制立管组合单元节示意

1—组对导板；2—防滑块；3—管卡；4—管架封板；5—管架框架；6—连接板（固定支架用）；
7—管道；8—吊耳；9—可转动支架连接板；10—套管撑板；11—可转动支架（吊装时置于垂直状合井临时固定）

1. 主要技术内容

（1）设计

1）预制组合立管设计应包括管道系统的工作压力、工作温度、流体特性、环境和各种荷载等。

2）预制组合立管设计应包括管道的热膨胀计算，通过计算选择合适的补偿器和定支架形式，立管预留洞口标高应按热位移计算结果进行确定。

3）预制组合立管设计应包含构造设计与构件计算。并绘制立管系统图、单元节制作图、单元节装配图、编制制作及安装说明书。

4）预制组合立管的构造设计应符合下列规定：

应满足管井防火封堵设计和相关施工规范及设计文件的要求；应满足后续施工作业及检修的要求，运输道路及现场水平、垂直运输条件和施工机械的性能；其分节应与结构工程施工保持协调，满足各工序的流水作业。

（2）制作

预制组合立管的管道、支架采用工厂化加工、组装装配（图 4-6～图 4-11）。预制组合立管单元节装配完成后必须进行转立试验，试验应进行全数试验和检查；试验单元节应由平置状态起吊至垂立悬吊状态，静置 5min，过程无异响；平置后检查单元节，焊缝应无裂纹，紧固件无松动或位移，部件无形变为合格。

（3）安装

制组合立管单元节应严格按运输、吊装方案确定的顺序进行转运与吊装（图 4-12～图 4-15），在装卸、转立吊装就位时，应避免旋转、摆动和磕碰等措施。单元节应按标定的定位记号准确就位，就位后不应再进行横向移位。单元节松钩前应就位稳定，且可转动支架与管道框架连接螺栓应全部紧固完成。立管吊装完成后，应对管道及管架进行垂直水平精确定位。

图 4-6　管道加工

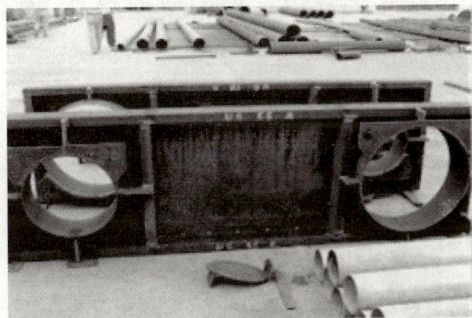

图 4-7　管架加工

图 4-8　组装加工

图 4-9　装配

图 4-10　检测　　　　　　　　　　　图 4-11　试验

图 4-12　运输　　　　　　　　　　　图 4-13　吊装

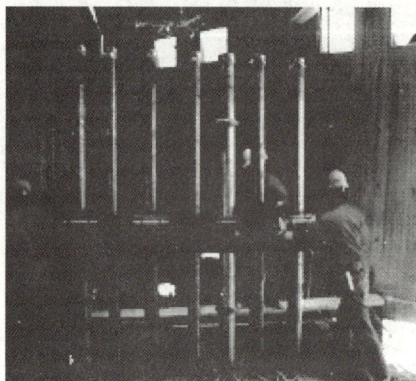

图 4-14　组对　　　　　　　　　　　图 4-15　固定

2. 技术指标

预制组合立管安装完成后，应按设计要求逐个核对管架形式、位置，对外观进行检查。设计要求必须进行无损检测的管道，应按照现行国家标准《工业金属管道工程施工规范》GB 50235 及行业标准《承压设备无损检测》NB/T 47013 的有关规定进行检测。预制组合立管安装完毕，无损检验合格后，应按各系统的设计及规范要求进行压力试验。试验前、应编制试压方案。竣工验收质量符合设计要求，同时还应符合现行各系统相关规范的有关规定。

3. 适用范围

此项技术适用于大、中型高层、超高层建筑。

4.2.3 薄壁不锈钢管道自动熔焊技术

1. 技术内容

为了满足薄壁不锈钢卫生级管道的焊接要求，提高焊接质量，可采用薄壁不锈钢管道自动熔焊技术。本技术应用的主要设备为数字化程控逆变焊机、全位置焊接机头。在焊机控制屏上设置焊接参数，管道内充氩保护，配套使用全位置焊接机头，可实现管材无间隙对口，通过母材自熔形成熔解接头，熔解接头高度与母材基本平齐，无明显焊接痕迹，如图 4-16～图 4-18 所示。该技术在满足薄壁不锈钢卫生级管道焊接质量的基础上，极大提高了焊接效率，减少了人工的使用，缩短了施工工期，经济效益、社会效益显著。

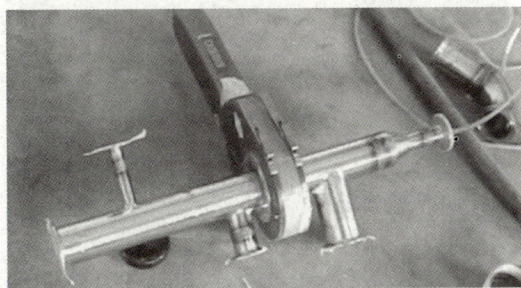

图 4-16 熔接过程

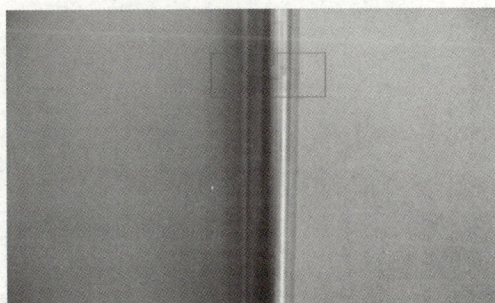

图 4-17 外焊缝成型质量

图 4-18 焊缝内侧成型质量

2. 技术指标

应按设计要求的标准执行，无设计要求时，按《洁净室施工及验收规范》GB 50591、《工业金属管道工程施工规范》GB 50235、《现场设备、工业管道焊接工程施工规范》GB 50236 执行。

3. 适用范围

此项技术适用于熔接管径为 $\phi6$～$\phi114.3$、管壁壁厚 $\delta \leqslant 3mm$ 的薄壁不锈钢管道氩弧焊连接。

4.2.4 薄壁不锈钢管道锥螺纹连接技术

1. 技术内容

薄壁不锈钢管道锥螺纹连接是采用啮入成型螺纹技术，用专用工具将薄壁不锈钢管或管件端部分别加工成可直接旋转接驳的内、外圆锥螺纹接口，通过螺纹压力密封，并采用卫生级液态生料带作为螺纹间隙密封材料的一种新型薄壁金属管道连接技术，如图 4-19、图 4-20 所示。

薄壁不锈钢管道锥螺纹连接技术突破了传统螺纹接口以牺牲钢管材料换取连接可靠的管型结构（切削螺纹）弊端，解决了传统薄壁不锈钢管以降低管道可靠性换取节约管材的应用技术（卡压技术等）瓶颈，具有耗材少、连接强度高（比"卡压式"提高 50％以上）、使用寿命长等优点，是高效性能管道的理想管型。

薄壁不锈钢管道锥螺纹连接管端刚性好，接口承压能力高，抗拉拔力强，使用管件少，具有接头连接可靠、节材、性价比高等优点，具有良好的社会效益及经济效益，具有较大推广应用价值。

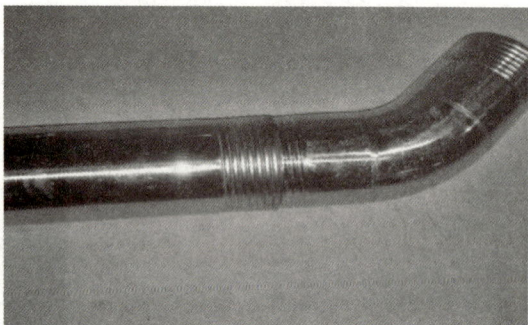

图 4-19 锥螺纹弯头与直管连接

图 4-20 直管与直管连接

2. 技术指标

应按设计要求的标准执行，无设计要求时，按《薄壁不锈钢管道技术规范》GB/T 29038、《薄壁不锈钢管》CJ/T 151、《建筑给水薄壁不锈钢管管道工程技术规程》T/CECS 153 执行。

3. 适用范围

此项技术适用于公称直径为 DN15～DN300，工作压力不大于 2.5MPa，工作温度为 -25～150℃的薄壁不锈钢管连接，可广泛应用于直饮水、给水、消防、化工、燃气等领域。

4.2.5 管道和设备工厂化清洗技术

1. 技术内容

针对化工、电子、制药等行业生产工艺的无油、无水、无灰尘、无杂质的高洁净度要求，对设备及管道清洗工作按照工厂化做法进行系统考虑，优化现场布置，规范清洗操作工艺，能够大幅度降低施工成本，加快施工进度，解决对环境的污染问题。

施工现场工厂化清洗主要投入的资源有：硬化场地、蒸汽锅炉、热水泵、空气干燥机、清洗槽、洁净擦拭工具、小型水处理槽等，用于清洗的设备和设施可循环使用。

由磷酸、缓蚀液、表面活性剂组成的"三合一"清洗液，具有除油、除锈、钝化一次完成的功效，较以往脱脂、酸洗、中和、钝化 4 道工序清洗效率高、环境污染小。根据清洗设备不同，分别使用循环清洗工艺、擦拭清洗工艺、浸泡清洗工艺进行清洗。循环清洗工艺应用于塔类设备、换热器类设备、管板式换热器的管程以及 U 形管换热器的管程、预制管道；擦拭清洗工艺应用于罐类设备、管板式换热器的管程、预制管道；浸泡清洗工艺应用于泵类设备。

主要清洗步骤：

（1）将需要清洗的设备和管道表面与清洗液充分接触（循环清洗、浸泡、擦拭），达到 3 个功效：①需要清洗的设备和管道表面亲油性污垢与清洗液发生乳化反应，使污垢失去黏着力；②清洗液中酸性物质与需要清洗设备表面氧化物发生反应，使氧化物变成可溶物质；③清洗液中缓蚀物质防止清洗设备表面发生腐蚀，并降低清洗工作对环境的污染。

（2）用纯净水冲洗设备和管道表面，去除残留物。

（3）用干空气吹扫，进一步去除灰尘，并降低已清洗好设备和管道表面的露点。

（4）对清洗合格设备充氮保护，使设备内部保证无氧化物产生，防止清洗好设备被二次污染。

2. 技术指标

应按设计要求的标准执行，无设计要求时，按《工业设备化学清洗质量标准》HG/T 2387、《工业设备化学清洗质量验收规范》GB/T 25146、《石油化工设备和管道化学清洗施工及验收规范》SH/T 3547、《脱脂工程施工及验收规范》HG 20202 执行。

3. 适用范围

此项技术适用于石油化工、电子、制药等对洁净度有较高要求领域的设备及管道的清洗。

第 3 节　通风与空调工程新技术和新工艺

4.3.1　金属矩形风管薄钢板法兰连接技术及工艺

1. 技术内容

（1）技术特点

金属矩形风管薄钢板法兰连接技术，代替了传统角钢法兰风管连接技术，已在国外有多年的发展和应用并形成了相应的规范和标准。采用薄钢板法兰连接技术不仅能节约材料，而且通过新型自动化设备生产使得生产效率提高、制作精度高、风管成型美观、安装简便，相比传统角钢法兰连接技术可节约劳动力 60% 左右，节约型钢、螺栓 65% 左右，而且由于不需防腐施工，减少了对环境的污染，具有较好的经济、社会与环境效益。

（2）施工工艺

金属矩形风管薄钢板法兰连接技术，根据加工形式不同分为两种：一种是法兰与风管壁为一体的形式，称之为"共板法兰"；另一种是薄钢板法兰用专用组合式法兰机制作成法兰的形式，根据风管长度下料后，插入制作好的风管管壁端部，再用铆（压）接连为一体，称之为"组合式法兰"。通过共板法兰风管自动化生产线，将卷材开卷、板材下料、冲孔（倒角）、辊压咬口、辊压法兰、折方等工序，制成半成品薄钢板法兰直风管管段。风管三通、弯头等异形配件通过数控等离子切割设备自动下料。

1）薄钢板法兰风管板材厚度 0.5~1.2mm，风管下料宜采用单片、L 形或口形方式。金属风管板材连接形式有：单咬口（适用于低、中、高压系统）、联合角咬口（适用于低、中、高压系统矩形风管及配件四角咬接）、转角咬口（适用于低、中、高压系统矩形风管及配件四角咬接）、按扣式咬口（低、中压矩形风管或配件四角咬接、低压圆形风管）。

2）当风管大边尺寸、长度及单边面积超出规定的范围时，应对其进行加固，加固方式有通丝加固、套管加固、Z形加固、V形加固等方式。

3）风管制作完成后，进行四个角连接件的固定，角件与法兰四角接口的固定应稳固、紧贴、端面应平整。固定完成后需要打密封胶，密封胶应保证弹性、粘着和防霉特性。

4）薄钢板法兰风管的连接方式应根据工作压力及风管尺寸大小合理选用，用专用工具将法兰弹簧卡固定在两节风管法兰处，或用顶丝卡固定两节风管法兰，弹簧卡、顶丝卡不应有松动现象。

2. 技术指标

应符合现行标准《通风与空调工程施工质量验收规范》GB 50243、《通风与空调工程施工规范》GB 50738、《通风管道技术规程》JGJ 141 相关规定。

3. 适用范围

金属矩形风管薄钢板法兰连接技术适用于通风空调系统中工作压力不大于1500Pa的非防排烟系统、风管边长尺寸不大于1500mm（加固后为2000mm）的薄钢板法兰矩形风管的制作与安装；对于风管边长尺寸大于2000mm的风管，应根据《通风管道技术规程》JGJ 141 采用角钢或其他形式的法兰风管。采用薄钢板法兰风管时，应由设计院与施工单位研究制定措施满足风管的强度和变形量要求。

4.3.2　金属圆形螺旋风管制安装技术及工艺

1. 技术内容

（1）技术特点

螺旋风管又称螺旋咬缝薄壁管，由条带形薄板螺旋卷绕而成，与传统金属风管（矩形或圆形）相比，具有无焊接、密封性能好、强度刚度好、通风阻力小、噪声低、造价低、安装方便、外观美观等特性。根据使用材料的材质不同，主要有镀锌螺旋风管、不锈钢螺旋风管、铝螺旋风管。螺旋风管制安机械自动化程度高、加工制作速度快，在发达国家已得到了长足的发展。

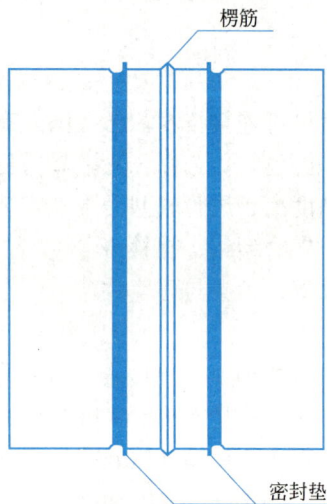
图 4-21　承插式芯管制作示意图
（标注：楞筋、密封垫）

（2）施工工艺

金属圆形螺旋风管采用流水线生产，取代手工制作风管的全部程序和进程，使用宽度为138mm的金属卷材为原料，以螺旋的方式实现卷圆、咬口、合缝压实一次顺序完成，加工速度为 4～20m/min。金属圆形螺旋风管一般是以 3～6m 为标准长度。弯头、三通等各类管件采用等离子切割机下料，直接输入管件相关参数即可精确快速切割管件展开板料；用缀缝焊机闭合板料和拼接各类金属板材，接口平整，不破坏板材表面；用圆形弯头成形机自动进行弯头咬口合缝，速度快，合缝密实平滑。

螺旋风管的螺旋咬缝，可以作为加强筋，增加风管的刚性和强度。直径 1000m 以下的螺旋风管可以不另设加固措施；直径大于 1000mm 的螺旋风管可在每两个咬缝之间再增加一道楞筋，作为加固方法。

金属圆形螺旋风管通常采用承插式芯管连接及法兰连接。承插式芯管用与螺旋风管同材质的宽度为 138mm 金属钢带卷圆，在芯管中心轧制宽 5mm 的楞筋，两侧轧制密封槽，内嵌阻燃 L 形密封条（如图 4-21 所示）。

采用法兰连接时，将圆法兰内接于螺旋风管（内接制作技术要求见表 4-2）。法兰外边略小于螺旋风管内径 1～2mm，同规格法兰具有可换性。法兰连接多用于防排烟系统，采用不燃的耐温防火填料，相比芯管连接密封性能更好。

内接制作技术要求 　　　　　　　　　　　　　　　　　　　　表 4-2

接管口径(mm)	内接板厚(mm)	内接口径(mm)
50	1.0	498
600	1.0	598
700	1.0	698
800	1.2	798
900	1.2	898
1000	1.2	998
1200	1.75	1196
1400	1.75	1396
1600	2.0	1596
1800	2.0	1796
2000	2.0	1996

主要施工方法：

①划分管段：根据施工图和现场实际情况，将风管系统划分为若干管段，并确定每段风管连接管件和长度，尽量减少空中接口数量。

②芯管连接：将连接芯管插入金属螺旋风管一端，直至插入至楞筋位置，从内向外用铆钉固定。

③风管吊装：金属螺旋风管支架间距 3～4m，每吊装一节螺旋风管设一个支架，风管吊装后用扁钢抱箍托住风管，根据支吊架固定点的结构形式设置一个或者两个吊点，将风管调整就位。

④风管连接：芯管连接时，将金属螺旋风管的连接芯管端插入另一节未连接芯管端，均匀推进，直至插入至楞筋位置，连接缝用密封胶密封处理。法兰连接时，将两节风管调整角度，直至法兰的螺栓孔对准，连接螺栓，螺栓需安装在同侧。

⑤风管测试：根据风管系统的工作压力做漏光检测及漏风量检测。

2. 技术指标

应符合现行标准《通风与空调工程施工质量验收规范》GB 50243、《通风与空调工程施工规范》GB 50738、《通风管道技术规程》JGJ 141 相关规定。

3. 适用范围

此项技术适用于送风、排风、空调风及防排烟系统金属圆形螺旋风管制作安装。

（1）用于送风、排风系统时，应采用承插式芯管连接方式。

（2）用于空调送回风系统时，应采用双层螺旋保温风管，内芯管外抱箍连接方式。

（3）用于防排烟系统时，应采用法兰连接方式。

4.3.3　非金属复合板风管施工技术

1. 主要技术内容

按复合板材质的不同，非金属复合板风管主要有机制玻镁复合板风管、聚氨酯复合板风管、酚醛复合板风管、玻纤复合板风管。

机制玻镁复合板风管是以玻璃纤维为增强材料，氯氧镁水泥为胶凝材料，中间复合绝热材料或不燃轻质结构材料，采用机械化生产工艺制成三层（多层）结构的机制玻镁复合板。在施工现场或工厂内切割成上、下、左、右四块单板，用专用无机胶粘剂组合粘接工艺制作成通风管道。

酚醛铝箔复合板风管与聚氨酯铝箔复合板风管同属于双面铝箔泡沫类风管，风管内外表面覆贴铝箔，中间层为聚氨酯或酚醛泡沫绝热材料。

玻纤复合板风管是以玻璃棉板为基材，外表面复合一层玻璃纤维布复合铝箔（或采用铝箔与玻纤布及阻燃牛皮纸复合而成），内表面复合一层玻纤布（或覆盖一层树脂涂料）而制成的玻纤复合板为材料，经切割、粘合、胶带密封和加固制成的通风管道。

复合板材的制作均采用机械化生产工艺一次成型复合制成。生产效率高，板材质量得到有效保证。

复合板风管具有外观美观、重量轻、施工方便、效率高、漏风小、不需要外保温的特点，一般在现场制作，以避免损坏。

2. 技术指标

非金属复合板风管制作安装均应符合国家有关的规范、规程：《通风与空调工程施工质量验收规范》GB 50243、《通风管道技术规程》JGJ 141、《非金属及复合风管》JG/T 258、《复合玻纤板风管》JC/T 591、《机制玻镁复合板风管制作与安装》09CK134。

3. 适用范围

按中间复合绝热材料或不燃轻质结构材料的不同，机制玻镁复合板风管适用于工业与民用建筑中工作压力小于等于3000Pa的通风、空调、洁净及防排烟中的风管。

（1）聚氨酯复合板风管适用于工作压力小于等于2000Pa的空调系统、洁净系统及潮湿环境。

（2）酚醛复合板风管适用于工作压力小于等于2000Pa的空调系统及潮湿环境。

（3）玻纤复合板风管适用于工作压力小于等于1000Pa的下的空调通风管道系统。

4.3.4　内保温金属风管施工技术及工艺

1. 技术内容

（1）技术特点

内保温金属风管是在传统镀锌薄钢板法兰风管制作过程中，在风管内壁粘贴保温棉，风管口径为粘贴保温棉后的内径，并且可通过数控流水线实现全自动生产。该技术的运用，省去了风管现场保温施工工序，有效提高现场风管安装效率，且风管采用全自动生产流水线加工，产品质量可控。

（2）施工工艺

相对普通薄钢板法兰风管的制作流程，在风管咬口制作和法兰成型后，为贴附内保温材料，多了喷胶、贴棉和打钉三个步骤，然后进行板材的折弯和合缝，其他步骤两者完全相同。这三个工序被整合到了整套流水线中，生产效率几乎与薄钢板法兰风管相当。为防止保温棉被吹散，要求金属风管内壁涂胶满布率 90％以上，管内气流速度不得超过 20.3m/s。此外，内保温金属风管还有以下施工要点，如表 4-3 所示。

1）在安装内衬风管之前，首先要检查风管内衬的涂层是否存在破损，有无受到污染等，若发现以上情况需进行修补或者直接更换一节完好的风管进行安装。

2）内衬风管的安装与薄钢板法兰风管安装工艺基本一致，先安装风管支吊架，风管支吊架间距按相关规定执行，风管可根据现场实际情况采取逐节吊装或者在地面拼装一定长度后整体吊装。

内保温金属风管的施工要点　　　　　　　　　　　　　表 4-3

		内衬厚度+内衬风管法兰高度	
保温钉不得挤压保温材料超过 3mm	风管两端安装有 C 型 PVC 挡风条，以防止漏风，同时防止产生冷桥现象	法兰高度等于玻璃纤维内衬风管法兰高度加上内衬厚度	挡风条宽度为内衬风管法兰高度加上内衬厚度

3）内保温风管与外保温风管、设备以及风阀等连接时，法兰高度可按表 4-2 的要求进行调整，或者采用大小头连接。

4）风管安装完毕后进行漏风量测试，要注意的是，导致风管严密性不合格的主要因素在于风管挡风条的安装与法兰边没有对齐，以及没有选用合适宽度的法兰垫料或者垫料粘贴时不够规范。

5）风管运输及安装过程中应注意防潮、防尘。

2. 技术指标

（1）风管系统强度及严密性指标，应满足现行标准《通风与空调工程施工质量验收规范》GB 50243 要求。

（2）风管系统保温及耐火性能指标，应分别满足现行标准《通风与空调工程施工质量验收规范》GB 50243 和《通风管道技术规程》JGJ 141 要求。

（3）内保温风管金属风管的制作与安装，可参考国家建筑标准设计图集《非金属风管制作与安装》15K114 的相关规定。

（4）内衬保温棉及其表面涂层，应当采用不燃材料，采用的粘结剂应为环保无毒型。

3. 适用范围

此项技术适用于低、中压空调系统风管的制作安装，净化空调系统、防排烟系统等除外。

4.3.5　变风量空调系统技术

变风量系统是一种通过改变进入空调区域的送风量来适应区域内负荷变化的全空气空调系统。主要用于办公和其他商用建筑的舒适性空调。

变风量空调系统运行成功与否，取决于空调系统设计是否合理、变风量末端装置的性能优劣以及控制系统的整定和调试。其中合理的系统设计是基础，末端装置的性能优劣是关键，控制系统调试是重点难点。

1. 主要技术内容

（1）变风量空调系统基本构成

变风量空调系统有各种类型，它们均由变风量末端装置、空气处理及输送设备、风管系统及自动控制系统四个基本部分构成。图 4-22 显示了变风量空调系统四个基本部分的构成、作用与相互关系。

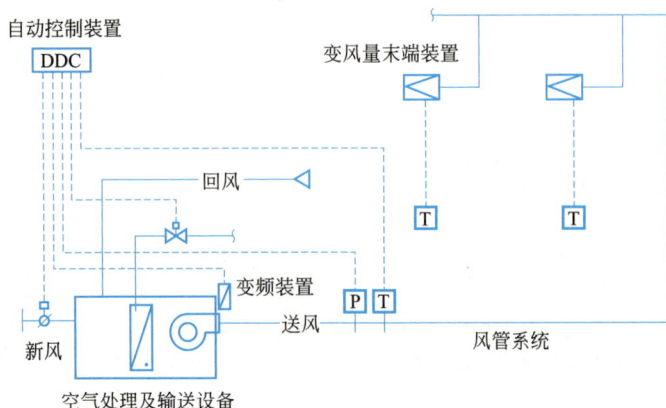

图 4-22　变风量空调系统基本构成

（2）技术特点

变风量空调系统融合了定风量系统与风机盘管系统的优点，又克服了它们各自的不足，形成其独特的特点，见表 4-4。

全空气变风量空调系统优点、缺点　　　　　　　　　　表 4-4

系统优点	1. 区域温度可控,所采用的比例调节方式的控制质量优于风机盘管机组的双位调节,所采用的风量调节方法的节能性也远胜于定风量系统的再热调节方法; 2. 部分负荷时,采用变频装置调节风机转速,大大降低了风机能耗; 3. 保持定风量空调系统空气过滤效率高、室内空气品质好、室内相对湿度低、热舒适性好的特点;通过改变新风比还可利用室外低温新风进行自然冷却,并可实现低温送风; 4. 系统可以无水管进入空调区域。减少系统泄露可能性,提高系统使用、维护的安全性
系统缺点	1. 因大量使用变风量末端装置及其控制设备,初投资较大; 2. 风量调节时,区域内新风量分配可能会不均匀; 3. 末端装置内置风机和调节风阀可能会产生噪声; 4. 设计、施工、管理较复杂; 5. 末端装置较小风量时室内气流分布状况较差

2. 技术指标

（1）设计方面

1）满足《公共建筑节能设计标准》GB 50185 要求;

2）满足《工业建筑供暖通风与空气调节设计规范》GB 50019 要求。

（2）施工方面

1）满足《通风与空调工程施工质量验收规范》GB 50243 要求;

2）满足《智能建筑工程质量验收规范》GB 50339 要求。

3. 适用范围

变风量空调系统适用于负荷变化较大的建筑物、多区域控制的建筑物及公用回风通道的建筑物。

第 4 节　设备安装工程综合应用新技术和新工艺

4.4.1　三维激光扫描应用技术

1. 技术内容

三维激光扫描应用技术（3D Laser Application Technology）是利用三维激光扫描仪沿建筑物、构筑空间进行闭合路线扫描测量，通过系统软件对扫描数据进行点云拼接处理，点云拼接误差在满足精度条件下导出建筑物、构筑空间三维点云模型，通过对点云模型应用得出实际尺寸数据。三维激光扫描应用技术针对各种复杂曲面和造型的建筑物，可以达到无接触、定时和高精度的测量要求，自动和快速获取与处理各种信息，实现内外业一体化。三维激光扫描仪能够得到高精度的点云信息，结合彩色信息，可以得到尺寸精准、色彩表达逼真的立体模型，同时大量减少数据采集时间。

（1）三维激光扫描测量工作过程，实际上就是一个不断重复的数据采集和处理过程，通过具有一定分辨率和质量的空间（x、y、z 三维立体空间）所组成的点云矩阵图来表达系统对目标物体表面的采样结果。

（2）外业测量主要使用三维激光扫描仪对建筑物或构筑空间进行闭合路线扫描测量。三维激光扫描仪外业扫描与测量外业工作相类似，扫描仪开机前需准备标靶、规划扫描路线，根据测量要求是否需要导出点坐标，在扫描过程中将测量控制点或 1m 标高线也参照到扫描数据中，方便后期点云模型应用。

（3）三维点云模型拼接是将三维激光扫描仪测量的各站数据通过数据处理软件按测站顺序进行拼接，最后拼接成三维点云模型。

（4）点云模型匹配坐标系。初始点云模型中各个点数据坐标，根据初次拼接首站数据，或其中某站数据的参照点，进行坐标赋予点云模型里的其他点数据，全部由这个点换算出相对坐标。在外业扫描中如果将基准控制点或 1m 标高线导入点云数据内，在后续应用模型时可以依据控制点进行数据转换，导出点位坐标。

（5）点云模型应用。点云模型可通过软件导出三维点云数据或是二维切片数据，包括逆向建模导出 CAD 图，供设计、施工等后续应用；点云模型与设计 BIM 模型之间误差分析；点云模型指导现场机电管线安装、钢结构及建筑幕墙安装等。

2. 技术指标

三维激光扫描仪的技术指标主要包括扫描范围、单次测量点位精度、测距精度、测角精度、分辨率、扫描速率、扫描光斑直径、扫描间距、水平扫描角度范围、垂直扫描角度范围等，应根据工程精度的需要，并满足相应测量规范标准要求选用。利用三维激光扫描测量外业工作时，扫描仪需配合标靶（球节点、标靶纸）测闭合路线，单站测量范围根据测量建筑物或构筑空间类型不同、测量活动空间范围不同、测量最高最远点情况，选择不同分辨率、质量值扫描建筑物或构筑空间，单站拼接精度值和整体拼接的平均精度值应满足工程误差要求，三维激光扫描测量精度应满足国家标准《工程测量规范》GB 50026 的要求。

（1）室内测量对于内部造型多而且复杂、工程误差值低的情况选 4 倍或 6 倍质量，分辨率选用 1/2、1/4 或 1/5 扫描。

（2）室外小范围测量造型不规则、活动空间受限制、工程误差值低的情况选用 4 倍或 6 倍质量，分辨率选用 1/2 或 1/4，部分测站要离建筑物远一些进行扫描。

（3）室外远距离大空间扫描一般采用车载扫描仪测量，选用 2 倍或 3 倍质量，分辨率选用 1/16、1/20 或 1/32 扫描。

3. 适用范围

（1）适用于室内新建工程大型复杂机房机电管线安装；装饰装修、幕墙等专业复杂点位施工；配合技术人员进行模拟施工，用于技术交底；配合 VR 技术对室内改建项目方案创建。

（2）适用于钢结构焊接安装指导，幕墙材料下单、安装指导。既有建筑物或景观扫描逆向建模出施工图。

（3）适用于室外远距离、大空间等测绘点云模型构建。

（4）适用于地面景观形体测定，城市三维可视化模型的建立等。

4.4.2 BIM 放样机器人应用技术

1. 技术内容

BIM 放样机器人的工作原理是使用机器人对复杂区域进行快速施工放线及为各专业预留孔位；利用三维激光扫描仪对结构及外墙实时检测，获取三维模型，修正 BIM 模型更新深化设计，确保施工进度及质量控制。系统的实施具体要求如下：

（1）从设计到现场：通过机器人将 BIM 的模型以及数据代入现场，通过机器人高效且高精度地完成管线以及设备的定位放样，快速获取大面积的空间信息，从传统单点测量跨越到面测量，实现精确设计施工。

（2）可视化放样：放样的过程中不直接与被测目标接触，避免危险目标、不宜接触目标以及易破坏目标，规避误差，减少返工。

（3）实时反馈：通过对现场结构完成面的复核，直接将结果反馈给设计师与现场施工人员，完成对原有设计的优化深化过程。

（4）辅助验收：应用本项技术借助机器人精确测量管线并获取设备安装的水平度、垂直度、直线度等信息，辅助验收人员判断是否符合验收标准。

（5）形成标准化流程：通过机器人放样测绘技术，优化现有施工流程，形成标准化施工工法，提高生产效率并保证施工质量。

2. 技术指标

（1）测量设备技术指标

1）测量所选用的放样机器人应当具备自动整平功能，且整平范围不小于 3°，宜为建筑施工放样而设计的专业版本。

2）放样机器人的定位更新数据频率不应小于 20Hz。

3）所选放样机器人应当具备棱镜跟踪功能，且跟踪半径不应小于 100m。

4）设备应配备专业的配套操作软件及详细使用说明，配套软件应当支持 BIM 中三维点位信息的获取及手持移动设备的操作使用。

（2）测量参照模型技术指标

1）用于获取测量参照数据的模型宜采用常用 BIM 建模软件建模，所生成的数据应当符合 IFC 国际通用标准要求。

2）用于获取测量参照数据的模型，应当能准确反映设计意图，BIM 模型精度及建模流程应当满足国家标准《建筑信息模型应用统一标准》GB/T 51212 要求。模型精度宜大于 LOD300，以满足具体测量要求为准。

（3）监测实施过程技术指标

监测实施过程应符合国家标准《工程测量规范》GB 50026 要求。

3. 适用范围

此项技术适用于施工和运营中的土建安装，机电管道放样测量对比等。

4.4.3 基于 BIM 的管线综合技术及工艺

1. 技术内容

（1）技术特点

随着 BIM 技术的普及，其在机电管线综合技术应用方面的优势比较突出。丰富的模型信息库、与多种软件方便的数据交换接口，成熟、便捷的可视化应用软件等，比传统的管线综合技术有了较大的提升。

（2）深化设计及设计优化

机电工程施工中，许多工程的设计图纸由于诸多原因，设计深度往往满足不了施工的需要，施工前尚需进行深化设计。机电系统各种管线错综复杂，管路走向密集交错，若在施工中发生碰撞情况，则会出现拆除返工现象，甚至会导致设计方案的重新修改，不仅浪费材料、延误工期，还会增加项目成本。基于 BIM 技术的管线综合技术可将建筑、结构、机电等专业模型整合，可很方便地进行深化设计，再根据建筑专业要求及净高要求将综合模型导入相关软件进行机电专业和建筑、结构专业的碰撞检查，根据碰撞报告结果对管线进行调整、避让建筑结构。机电本专业的碰撞检测，是在根据"机电管线排布方案"建模的基础上对设备和管线进行综合布置并调整，从而在工程开始施工前发现问题，通过深化设计及设计优化，使问题在施工前得以解决。

（3）多专业施工工序协调

暖通、给水排水、消防、强弱电等各专业由于受施工现场、专业协调、技术差异等因素的影响，不可避免地存在很多局部的、隐性的专业交叉问题，各专业在建筑某些平面、立面位置上产生交叉、重叠，无法按施工图作业或施工顺序倒置，造成返工，这些问题有些是无法通过经验判断来及时发现并解决的。通过 BIM 技术的可视化、参数化、智能化特性，进行多专业碰撞检查、净高控制检查和精确预留预埋，或者利用基于 BIM 技术的 4D 施工管理，对施工工序过程进行模拟，对各专业进行事先协调，可以很容易地发现和解决碰撞点，减少因不同专业沟通不畅而产生技术错误，大大减少返工，节约施工成本。

（4）施工模拟

利用 BIM 施工模拟技术，使得复杂的机电施工过程，变得简单、可视、易懂。

BIM4D 虚拟建造形象直观、动态模拟施工阶段过程和重要环节施工工艺，将多种施工及工艺方案的可实施性进行比较，为最终方案优选决策提供支持。采用动态跟踪可视化施工组织设计（4D 虚拟建造）的实施情况，对于设备、材料到货情况进行预警，同时通过进度管理，将现场实际进度完成情况反馈回"BIM 信息模型管理系统"中，与计划进行对比、分析及纠偏，实现施工进度控制管理。

形象直观、动态模拟施工阶段过程和重要环节施工工艺，将多种施工及工艺方案的可实施性进行比较，为最终方案优选决策提供支持。基于 BIM 技术对施工进度可实现精确计划、跟踪和控制，动态地分配各种施工资源和场地，实时跟踪工程项目的实际进度，并通过计划进度与实际进度进行比较，及时分析偏差对工期的影响程度以及产生的原因，采取有效措施，实现对项目进度的控制。

（5）BIM 综合管线的实施流程

设计交底及图纸会审→了解合同技术要求、征询业主意见→确定 BIM 深化设计内容及深度→制定 BIM 出图细则和出图标准、各专业管线优化原则→制定 BIM 详细的深化设计图纸送审及出图计划→机电初步 BIM 深化设计图提交→机电初步 BIM 深化设计图总包审核、协调、修改→图纸送监理、业主审核→机电综合管线平剖面图、机电预留预埋图、设备基础图、吊顶综合平面图绘制→图纸送监理、业主审核→BIM 深化设计交底→现场施工→竣工图制作。

2. 技术指标

综合管线布置与施工技术应符合《建筑给水排水设计标准》GB 50015、《工业建筑供暖通风与空气调节设计规范》GB 50019、《民用建筑电气设计标准》GB 51348、《建筑通风和排烟系统用防火阀门》GB 15930、《自动喷水灭火系统设计规范》GB 50084、《建筑给水及采暖工程施工质量验收规范》GB 50242、《通风与空调工程施工质量验收规范》GB 50243、《电气装置安装工程　低压电器施工及验收规范》GB 50254、《给水排水管道工程施工及验收规范》GB 50268、《智能建筑工程施工规范》GB 50606、《消防给水及消火栓系统技术规范》GB 50974、《综合布线系统工程设计规范》GB 50311。

3. 适用范围

此项技术适用于工业与民用建筑工程、城市轨道交通工程、电站等所有在建及扩建项目。

4.4.4　工业化成品支吊架技术及工艺

1. 技术内容

装配式成品支吊架由管道连接的管夹构件、建筑结构连接的锚固件以及将这两种结构件连接起来的承载构件、减震（振）构件、绝热构件以及辅助安装件构成。该技术满足不同规格的风管、桥架、工艺管道的应用，特别是在错综复杂的管路定位和狭小管井、吊顶施工，更可发挥灵活组合技术的优越性。近年来，在机场、大型工业厂房等领域已开始应用复合式支吊架技术，可以相对有效地化解管线集中安装与空间紧张的矛盾。复合式管线支吊架系统具有吊杆不重复、与结构连接点少、空间节约、后期管线维护简单、扩容方便、整体质量及观感好等特点。特别是《建筑机电抗震设计规范》GB 50981 的实施，采用成品的抗震支吊架系统成为必选。

（1）技术特点

根据 BIM 模型确认的机电管线排布，通过数据库快速导出支吊架型式，从供应商的产品手册中选择相应的成品支吊架组件，或经过强度计算，根据结果进行支吊架型材选型，设计，工厂制作装配式组合支吊架，在施工现场仅需简单机械化拼装即可成型，减少现场测量、制作工序，降低材料损耗率和安全隐患，实现施工现场绿色、节能。

技术先进性是：

1）标准化：产品由一系列标准化构件组成，所有构件均采用成品，或由工厂采用标准化生产工艺，在全程、严格的质量管理体系下批量生产，产品质量稳定，且具有通用性和互换性。

2）简易安装：一般只需 2 人即可进行安装，技术要求不高，安装操作简易、高效，明显降低劳动强度。

3）施工安全：施工现场无电焊作业产生的火花，从而消灭了施工过程中的火灾事故隐患。

4）节约能源：由于主材选用的是符合国际标准的轻型 C 形钢，在确保其承载能力的前提下，所用的 C 形钢质量相对于传统支吊架所用的槽钢、角钢等材料可减轻 15％～20％，明显减少了钢材使用量，从而节约了能源消耗。

5）节约成本：由于采用标准件装配，可减少安装施工人员；现场无需电焊机、钻床、氧气乙炔装置等施工设备投入，能有效节约施工成本。

6）保护环境：无需现场焊接、无需现场刷油漆等作业，因而不会产生弧光、烟雾、异味等多重污染。

7）坚固耐用：经专业的技术选型和机械力学计算，且考虑足够的安全系数，确保其承载能力的安全可靠。

8）安装效果美观：安装过程中，由专业公司提供全程、优质的服务，确保精致、简约的外观效果。

（2）施工工艺

1）吊架和支架安装应保持垂直，整齐牢固，无歪斜现象。

2）支吊架安装要根据管子位置，找平、找正、找标高，生根要牢固，与管子接合要稳固。

3）吊架要按施工图锚固于主体结构，要求拉杆无弯曲变形，螺纹完整且与螺母配合良好牢固。

4）在混凝土基础上，用膨胀螺栓固定支吊架时，膨胀螺栓的打入必须达到规定的深度，特殊情况需做拉拔试验。

5）管道的固定支架应严格按照设计图纸安装。

6）导向支架和滑动支架的滑动面应洁净、平整，滚珠、滚轴、托滚等活动零件与其支撑件应接触良好，以保证管道能自由膨胀。

7）所有活动支架的活动部件均应裸露，不应被保温层覆盖。

8）有热位移的管道，在受热膨胀时，应及时对支吊架进行检查与调整。

9）恒作用力支吊架应按设计要求进行安装调整。

10）支架装配时应先整形后，再上锁紧螺栓。

11）支吊架调整后，各连接件的螺杆丝扣必须带满，锁紧螺母应锁紧，防止松动。

12）支架间距应按设计要求正确装设。

13）支吊架安装应与管道的安装同步进行。

14）支吊架安装施工完毕后应将支架擦拭干净，所有暴露的槽钢端均需装上封盖。

2. 技术指标

国家建筑标准设计图集《室内管道支架和吊架》03S402、《金属、非金属风管支吊架》08K132、《电缆桥架安装》04D701-3、《装配式室内管道支吊架的选用与安装》16CK208（参考图集）。

其他应符合现行标准《管道支吊架》GB/T 17116、《建筑机电抗震设计规范》GB 50981 的相关要求。

3. 适用范围

此项技术适用于工业与民用建筑工程中多种管线在狭小空间场所布置的支吊架安装，特别适用于建筑工程的走道、地下室及走廊等管线集中的部位、综合管廊建设的管道、电气桥架管线、风管等支吊架的安装。

4.4.5 机电消声减振综合施工技术及工艺

1. 技术内容

（1）技术特点

机电消声减振综合施工技术是实现机电系统设计功能的保障。随着建筑工程机电系统功能需求的不断增加，越来越多的机电系统设备（设施）被应用到建筑工程中。这些机电设备（设施）在丰富建筑功能、改善人文环境、提升使用价值的同时，也带来一系列的负面影响因素，如机电设备在运行过程中产生及传播的噪声和振动给使用者带来难以接受的困扰，甚至直接影响到人身健康等。

（2）施工工艺

噪声及振动的频率低，空气、障碍物以及建筑结构等对噪声及振动的衰减作用非常有限（一般建筑构建物噪声衰减量仅为 0.02~0.2dB/m），因此必须在机电系统设计与施工前，通过对机电系统噪声及振动产生的源头、传播方式与传播途径、受影响因素及产生的后果等进行细致分析，制定消声减振措施方案，对其中的关键环节加以适度控制，实现对机电系统噪声和振动的有效防控。具体实施工艺包括：对机电系统进行消声减振设计、选用低噪、低振设备（设施）、改变或阻断噪声与振动的传播路径以及引入主动式消声抗振工艺等。

主要施工方法：

1）优化机电系统设计方案，对机电系统进行消声减振设计。机电系统设计时，在结构及建筑分区的基础上充分考虑满足建筑功能的合理机电系统分区，为需要进行严格消声减振控制的功能区设计独立的机电系统，根据系统消声、减振需要，确定设备（设施）技术参数及控制流体流速，同时避免其他机电设施穿越。

2）在机电系统设备（设施）选型时，优先选用低噪、低振的机电设备（设施），如箱式设备、变频设备、缓闭式设备、静音设备，以及高效率、低转速设备等。

3）机电系统安装施工过程中，在进行深化设计时要充分考虑系统消声、减振功能需要，通过隔声、吸声、消声、隔振、阻尼等处理方法，在机电系统中设置消声减振设备（设施），改变或阻断噪声与振动的传播路径。如设备采用浮筑基础、减振浮台及减振器等的隔声隔振构造，管道与结构、管道与设备、管道与支吊架及支吊架与结构（包括钢结构）之间采用消声减振的隔离隔断措施，如套管、避振器、隔离衬垫、柔性软接、避振喉等。

4）引入主动式消声抗振工艺。在机电系统深化设计中，针对系统消声减振需要引入主动式消声抗振工艺，扰动或改变机电系统固有噪声、振动频率及传播方向，达到消声抗振的目的。

2. 技术指标

按设计要求的标准执行；当无设计无要求时，参照执行《声环境质量标准》GB 3096、《城市区域环境振动标准》GB 10070、《民用建筑隔声设计规范》GB 50118、《隔振设计规范》GB 50463、《建筑工程容许振动标准》GB 50868、《环境噪声与振动控制工程技术导则》HJ 2034、《剧场、电影院和多用途厅堂建筑声学技术规范》GB/T 50356。

3. 适用范围

此项技术适用于大、中型公共建筑工程机电系统消声减振施工，特别适用于广播电视、音乐厅、大剧院、会议中心、高端酒店等安装工程。

4.4.6 建筑机电系统全过程调试技术及工艺

1. 技术内容

（1）技术特点

建筑机电系统全过程调试技术覆盖建筑机电系统的方案设计阶段、设计阶段、施工阶段和运行维护阶段，其执行者可以由独立的第三方、业主、设计方、总承包商或机电分包商等承担。目前最常见的是业主聘请独立第三方顾问，即调试顾问作为调试管理方。

（2）调试内容

1）方案设计阶段：为项目初始时的筹备阶段，其调试工作主要目标是明确和建立业主的项目要求。业主项目要求是机电系统设计、施工和运行的基础，同时也决定着调试计划和进程安排。该阶段调试团队由业主代表、调试顾问、前期设计和规划方面专业人员、设计人员组成。该阶段主要工作为：组建调试团队，明确各方职责；建立例会制度及过程文件体系；明确业主项目要求；确定调试工作范围和预算；建立初步调试计划；建立问题日志程序；筹备调试过程进度报告；对设计方案进行复核，确保满足业主项目要求。

2）设计阶段：该阶段调试工作主要目标是尽量确保设计文件满足和体现业主项目要求。该阶段调试团队由业主代表、调试顾问、设计人员和机电总包项目经理组成。该阶段主要工作为：建立并维持项目团队的团结协作；确定调试过程各部分的工作范围和预算；指定负责完成特定设备及部件调试工作的专业人员；召开调试团队会议并做好记录；收集调试团队成员关于业主项目要求的修改意见；制定调试过程工作时间表；在问题日志中追踪记录问题或背离业主项目要求的情况及处理办法；确保设计文件的记录和更新；建立施工清单；建立施工、交付及运行阶段测试要求；建立培训计划要求；记录调试过程要求并汇总进承包文件；更新调试计划；复查设计文件是否符合业主项目要求；更新业主项目要求；记录并复查调试过程进度报告。

3）施工阶段：该阶段调试工作主要目标是确保机电系统及部件的安装满足业主项目要求。该阶段调试团队包括业主代表、调试顾问、设计人员、机电总包项目经理、专业承包商和设备供应商。该阶段主要工作为：协调业主代表参与调试工作并制定相应时间表；更新业主项目要求；根据现场情况，更新调试计划；组织施工前调试过程会议；确定测试方案，包括机电设备测试、风系统/水系统平衡调试、系统运行测试等，并明确测试范围，明确测试方法、试运行介质、目标参数值允许偏差、调试工作绩效评定标准；建立测试记录；定期召开调试过程会议；定期实施现场检查；监督施工方的现场调试、测试工作；核查运维人员培训情况；编制调试过程进度报告；更新机电系统管理手册。

4）交付和运行阶段：当项目基本竣工后进入交付和运行阶段的调试工作，直到保修合同结束时间为止。该阶段工作目标是确保机电系统及部件的持续运行、维护和调节及相关文件更新均能满足最新业主项目要求。该阶段调试团队包括业主代表、调试顾问、设计人员、机电总包项目经理、专业承包商。该阶段主要工作为：协调机电总包的质量复查工作，充分利用调试顾问的知识和项目经验使得机电总包返工数量和次数最小化；进行机电系统及部件的季度测试；进行机电系统运行维护人员培训；完成机电系统管理手册并持续更新；进行机电系统及部件的定期运行状况评估；召开经验总结研讨会；完成项目最终调试过程报告。

（3）调试文件

1）调试计划：为调试工作前瞻性整体规划文件，由调试顾问根据项目具体情况起草，在调试项目首次会议，由调试团队各成员参与讨论，会后调试顾问再进行修改完善。调试计划必须随着项目的进行而持续修改、更新。一般每月都要对调试计划进行适当调整。调试顾问可以根据调试项目工作量大小，建立一份贯穿项目全过程的调试计划，也可以建立一份分阶段（方案设计阶段、设计阶段、施工阶段和运行维护阶段）实施的调试计划。

2）业主项目要求：确定业主的项目要求对整个调试工作很重要，调试顾问组织召开业主项目要求研讨会，准确把握业主项目要求，并建立业主项目要求文件。

3）施工清单：机电承包商详细记录机电设备及部件的运输、安装情况，以确保各设备及系统正确安装、运行的文件。主要包括设备清单、安装前检查表、安装过程检查表、安装过程问题汇总、设备施工清单、系统问题汇总。

4）问题日志：记录调试过程发现的问题及其解决办法的正式文件，由调试团队在调试过程中建立，并定期更新。调试顾问在进行安装质量检查和监督施工单位调试时，可根据项目大小和合同内容来确定抽样检查比例或复测比例，一般不低于20%。抽查或抽测时发现问题应记入问题日志。

5）调试过程进度报告：详细记录调试过程中各部分完成情况以及各项工作和成果的文件，各阶段调试过程进度报告最终汇总成为机电系统管理手册的一部分。它通常包括：项目进展概况；本阶段各方职责、工作范围；本阶段工作完成情况；本阶段出现的问题及跟踪情况；本阶段未解决的问题汇总及影响分析；下阶段工作计划。

6）机电系统管理手册：是以系统为重点的复合文档，包括使用和运行阶段运行和维护指南以及业主使用中的附加信息，主要包括业主最终项目要求文件、设计文件、最终调试计划、调试报告、厂商提供的设备安装手册和运行维护手册、机电系统图表、已审核确认的竣工图纸、系统或设备/部件测试报告、备用设备部件清单、维修手册等。

7）培训记录：调试顾问应在调试工作结束后，对机电系统的实际运行维护人员进行系统培训，并做好相应的培训记录。

2. 技术指标

目前国内关于建筑机电系统全过程调试没有专门的规范和指南，只能依照现行的设计、施工、验收和检测规范的相关部分开展工作。主要依据的规范有：《民用建筑供暖通风与空气调节设计规范》GB 50736、《公共建筑节能设计标准》GB 50189、《民用建筑电气设计标准》GB 51348、《通风与空调工程施工质量验收规范》GB 50243、《建筑节能工程施工质量验收标准》GB 50411、《建筑电气工程施工质量验收规范》GB 50303、《建筑给水排水及采暖工程施工质量验收规范》GB 50242、《智能建筑工程质量验收规范》GB 50339、《通风与空调工程施工规范》GB 50738、《公共建筑节能检测标准》JGJ/T 177、《采暖通风与空气调节工程检测技术规程》JGJ/T 260、《变风量空调系统工程技术规程》JGJ 343。

3. 适用范围

此项技术适用新建建筑的机电系统全过程调试，特别适用于实施总承包的机电系统全过程调试。

4. 工程案例

巴哈马大型度假村、北京新华都等机电系统调试工程。

4.4.7　施工现场太阳能光伏发电照明技术及工艺

1. 技术内容

施工现场太阳能光伏发电照明技术是利用太阳能电池组件将太阳光能直接转化为电能储存并用于施工现场照明系统的技术。发电系统主要由光伏组件、控制器、蓄电池（组）和逆变器（当照明负载为直流电时，不使用）及照明负载等组成。

2. 技术指标

施工现场太阳能光伏发电照明技术中的照明灯具负载应为直流负载，灯具选用以工作电压为 12V 的 LED 灯为主。生活区安装太阳能发电电池，保证道路照明使用率达到 90% 以上。

（1）光伏组件：具有封装及内部联结的、能单独提供直流电输出、最小不可分割的太阳电池组合装置，又称太阳电池组件。太阳光充足日照好的地区，宜采用多晶硅太阳能电池；阴雨天比较多、阳光相对不是很充足的地区，宜采用单晶硅太阳能电池；其他新型太阳能电池，可根据太阳能电池发展趋势选用新型低成本太阳能电池；选用的太阳能电池输出的电压应比蓄电池的额定电压高 20%～30%，以保证蓄电池正常充电。

（2）太阳能控制器：控制整个系统的工作状态，并对蓄电池起到过充电保护、过放电保护的作用；在温差较大的地方，应具备温度补偿和路灯控制功能。

（3）蓄电池：一般为铅酸电池，小微型系统中，也可用镍氢电池、镍镉电池或锂电池。根据临建照明系统整体用电负荷数，选用适合容量的蓄电池，蓄电池额定工作电压通常选 12V，容量为日负荷消耗量的 6 倍左右，可根据项目具体使用情况组成电池组。

3. 适用范围

此项技术适用于施工现场临时照明，如路灯、加工棚照明、办公区廊灯、食堂照明、卫生间照明等。

4.4.8　施工噪声控制技术及工艺

1. 技术内容

通过选用低噪声设备、先进施工工艺或采用隔声屏、隔声罩等措施有效降低施工现场及施工过程噪声的控制技术。

（1）隔声屏是通过遮挡和吸声减少噪声的排放。隔声屏主要由基础、立柱和隔声屏板几部分组成。基础可以单独设计也可在道路设计时一并设计在道路附属设施上；立柱可以通过预埋螺栓、植筋与焊接等方法，将立柱上的底法兰与基础连接牢靠，声屏障立板可以通过专用高强度弹簧与螺栓及角钢等方法将其固定于立柱槽口内，形成声屏障。隔声屏可模块化生产，装配式施工，选择多种色彩和造型进行组合、搭配与周围环境协调。

（2）隔声罩是把噪声较大的机械设备（搅拌机、混凝土输送泵、电锯、切割机等）封闭起来，有效地阻隔噪声的外传。隔声罩外壳由一层不透气的具有一定重量和刚性的金属材料制成，一般用 2~3mm 厚的钢板，铺上一层阻尼层，阻尼层常用沥青阻尼胶浸透的纤维织物或纤维材料，外壳也可以用木板或塑料板制作，轻型隔声结构可用铝板制作。要求高的隔声罩可做成双层壳，内层较外层薄一些；两层的间距一般是 6~10mm，填以多孔吸声材料。罩的内侧附加吸声材料，以吸收声音并减弱空腔内的噪声。要减少罩内混响声和防止固体声的传递；尽可能减少在罩壁上开孔，对于必需的开孔的，开口面积应尽量小；在罩壁的构件相接处的缝隙，要采取密封措施，以减少漏声；由于罩内声源机器设备的散热，可能导致罩内温度升高，对此应采取适当的通风散热措施。要考虑声源机器设备操作、维修方便的要求。

（3）应设置封闭的木工用房，以有效降低电锯加工时噪声对施工现场的影响。

（4）施工现场应优先选用低噪声机械设备，优先选用能够减少或避免噪音的先进施工工艺。

2. 技术指标

施工现场噪声应符合现行标准《建筑施工场界环境噪声排放标准》GB 12523 的规定，昼间小于等于 70dB（A），夜间小于等于 55 dB（A）。

3. 适用范围

此项技术适用于工业与民用建筑工程施工。

4.4.9 施工扬尘控制技术及工艺

1. 技术内容

施工扬尘控制技术包括施工现场道路、塔式起重机、脚手架等部位自动喷淋降尘和雾炮降尘技术、施工现场车辆自动冲洗技术。

（1）自动喷淋降尘系统由蓄水系统、自动控制系统、语音报警系统、变频水泵、主管、三通阀、支管、微雾喷头连接而成，主要安装在临时施工道路、脚手架上。

塔式起重机自动喷淋降尘系统是指在塔式起重机安装完成后通过塔式起重机旋转臂安装的喷水设施，用于塔臂覆盖范围内的降尘、混凝土养护等。喷淋系统由加压泵、塔式起重机、喷淋主管、万向旋转接头、喷淋头、卡扣、扬尘监测设备、视频监控设备等组成。

（2）雾炮降尘系统主要有电机、高压风机、水平旋转装置、仰角控制装置、导流筒、雾化喷嘴、高压泵、储水箱等装置，其特点为风力强劲、射程高（远）、穿透性好，可以实现精量喷雾，雾粒细小，能快速将尘埃抑制降沉，工作效率高、速度快，覆盖面积大。

（3）施工现场车辆自动冲洗系统由供水系统、循环用水处理系统、冲洗系统、承重系统、自动控制系统组成。采用红外、位置传感器启动自动清洗及运行指示的智能化控制技术。水池采用四级沉淀、分离，处理水质，确保水循环使用；清洗系统由冲洗槽、两侧挡板、高压喷嘴装置、控制装置和沉淀循环水池组成；喷嘴沿多个方向布置，无死角。

2. 技术指标

扬尘控制指标应符合现行《建筑工程绿色施工规范》GB/T 50905 中的相关要求。

地基与基础工程施工阶段施工现场 PM10/h 平均浓度不宜大于 $150\mu g /m^3$ 或工程所在区域的 PM10/h 平均浓度的 120%；结构工程及装饰装修与机电安装工程施工阶段施工现场 PM10/h 平均浓度不宜大于 $60\mu g/m^3$ 或工程所在区域的 PM10/h 平均浓度的 120%。

3. 适用范围

此项技术适应用于所有工业与民用建筑的施工工地。

4.4.10　垃圾管道垂直运输技术及工艺

1. 技术内容

垃圾管道垂直运输技术是指在建筑物内部或外墙外部设置封闭的大直径管道，将楼层内的建筑垃圾沿着管道靠重力自由下落，通过减速门对垃圾进行减速，最后落入专用垃圾箱内进行处理。

垃圾运输管道主要由楼层垃圾入口、主管道、减速门、垃圾出口、专用垃圾箱、管道与结构连接件等主要构件组成，可以将该管道直接固定到施工建筑的梁、柱、墙体等主要构件上，安装灵活，可多次周转使用。

主管道采用圆筒式标准管道层，管道直径控制在 $500\sim1000mm$ 范围内，每个标准管道层分上下两层，每层 1.8m，管道高度可在 $1.8\sim3.6m$ 进行调节，标准层上下两层之间用螺栓进行连接；楼层入口可根据管道距离楼层的距离设置转动的挡板；管道入口内设置一个可以自由转动的挡板，防止粉尘在各层入口处飞出。

管道与墙体连接件设置半圆轨道，能在 180°平面内自由调节，使管道上升后，连接件仍能与梁柱等构件相连；减速门采用弹簧板，上覆橡胶垫，根据自锁原理设置弹簧板的初始角度为 45°，每隔三层设置一处，来降低垃圾下落速度；管道出口处设置一个带弹簧的挡板；垃圾管道出口处设置专用集装箱式垃圾箱进行垃圾回收，并设置防尘隔离棚。垃圾运输管道楼层垃圾入口、垃圾出口及专用垃圾箱设置自动喷洒降尘系统。

建筑碎料（凿除、抹灰等产生的旧混凝土、砂浆等矿物材料及施工垃圾）单件粒径尺寸不宜超过 100mm，重量不宜超过 2kg；木材、纸质、金属和其他塑料包装废料严禁通过垃圾垂直运输通道运输。

扬尘控制，通过在管道入口内设置一个可以自由转动的挡板，垃圾运输管道楼层垃圾入口、垃圾出口及专用垃圾箱设置自动喷洒降尘系统。

2. 技术指标

垃圾管道垂直运输技术符合《建筑工程绿色施工规范》GB/T 50905、《建筑工程绿色施工评价标准》GB/T 50640 和《建筑施工现场环境与卫生标准》JGJ 146 的标准要求。

3. 适用范围

此项技术适用于多层、高层、超高层民用建筑的建筑垃圾竖向运输，高层、超高层使用时每隔 $50\sim60m$ 设置一套独立的垃圾运输管道，设置专用垃圾箱。

4.4.11　工具式定型化临时设施技术及工艺

1. 技术内容

工具式定型化临时设施包括标准化箱式房、定型化临边洞口防护、加工棚，构件化 PVC 绿色围墙、预制装配式马道、可重复使用临时道路板等。

（1）标准化箱式施工现场用房包括办公室用房、会议室、接待室、资料室、活动室、阅读室、卫生间。标准化箱式附属用房，包括食堂、门卫房、设备房、试验用房。按照标准尺寸和符合要求的材质制作和使用，见表 4-5。

标准化箱式房几何尺寸（建议尺寸）　　表 4-5

项目		计划尺寸(单位 mm)	
		形式一	形式二
箱体	外	$L6055 \times W2435 \times H2896$	$L6055 \times W2990 \times H2896$
	内	$L5840 \times W2225 \times H2540$	$L5840 \times W2780 \times H2540$
窗		$H \geqslant 1100$ $W \geqslant 650 \times H1100 / W \geqslant 1500 \times H1100$	
门		$H \geqslant 2000$ $W \geqslant 850$	
框架梁高	顶	$H \geqslant 180$(钢板厚度$\geqslant 4$)	
	底	$H \geqslant 140$(钢板厚度$\geqslant 4$)	

（2）定型化临边洞口防护、加工棚

定型化、可周转的基坑、楼层临边防护、水平洞口防护，可选用网片式、格栅式或组装式。

当水平洞口短边尺寸大于 1500mm 时，洞口四周应搭设不低于 1200mm 防护，下口设置踢脚线并张挂水平安全网，防护方式可选用网片式、格栅式或组装式，防护距离洞口边不小于 200mm。

楼梯扶手栏杆采用工具式短钢管接头，立杆采用膨胀螺栓与结构固定，内插钢管栏杆，使用结束后可拆卸周转重复使用。

可周转定型化加工棚基础尺寸采用 C30 混凝土浇筑，预埋 400mm×400mm×12mm 钢板，钢板下部焊接直径 20mm 钢筋，并塞焊 8 个 M18 螺栓固定立柱。立柱采用 200mm×200mm 型钢，立杆上部焊接 500mm×200mm×10mm 的钢板，以 M12 的螺栓连接桁架主梁，下部焊接 400mm×400mm×10mm 钢板。斜撑为 100mm×50mm 方钢，斜撑的两端焊接 150mm×200mm×10mm 的钢板，以 M12 的螺栓连接桁架主梁和立柱。

（3）构件化 PVC 绿色围墙

基础采用现浇混凝土，支架采用轻型薄壁钢型材，墙体采用工厂化生产的 PVC 扣板，现场采用装配式施工方法。

（4）预制装配式马道

立杆采用 ϕ159mm×5.0mm 钢管，立杆连接采用法兰连接，立杆预埋件采用同型号带法兰钢管，锚固入筏板混凝土深度 500mm，外露长度 500mm。立杆除埋入筏板的埋件部分，上层区域杆件在马道整体拆除时均可回收。马道楼梯梯段侧向主龙骨采用 16a 号热轧槽钢，梯段长度根据地下室楼层高度确定，每主体结构层高度内两跑楼梯，并保证楼板所在平面的休息平台高于楼板 200mm。踏步、休息平台、安全通道顶棚覆盖采用 3mm 花纹钢板，踏步宽 250mm，高 200mm，楼梯扶手立杆采用 30mm×30mm×3mm 方钢管（与梯段主龙骨螺栓连接），扶手采用 50mm×50mm×3mm 方钢管，扶手高度 1200mm，梯段与休息平台固定采用螺栓连接，梯段与休息平台随主体结构完成逐步拆除。

（5）装配式临时道路

装配式临时道路可采用预制混凝土道路板、装配式钢板、新型材料等，具有施工操作简单，占用场地少，便于拆装、移位，可重复利用，能降低施工成本，减少能源消耗和废弃物排放等优点。应根据临时道路的承载力和使用面积等因素确定尺寸。

2. 技术指标

工具式定型化临时设施应工具化、定型化、标准化，具有装拆方便，可重复利用和安全可靠的性能；防护栏杆体系、防护棚经检测防护有效，符合设计安全要求。预制混凝土道路板适用于建设工程临时道路地基弹性模量大于等于 40MPa，承受载重小于等于 40t 施工运输车辆或单个轮压小于等于 7t 的施工运输车辆路基上铺设使用；其他材质的装配式临时道路的承载力应符合设计要求。

3. 适用范围

此项技术适用于工业与民用建筑、市政工程等。

4.4.12　绿色施工在线监测评价技术及工艺

1. 技术内容

绿色施工在线监测及量化评价技术是根据绿色施工评价标准，通过在施工现场安装智能仪表并借助 GPRS 通信和计算机软件技术，随时随地以数字化的方式对施工现场能耗、水耗、施工噪声、施工扬尘、大型施工设备安全运行状况等各项绿色施工指标数据进行实时监测、记录、统计、分析、评价和预警的监测系统和评价体系。

绿色施工涉及管理、技术、材料、工艺、装备等多个方面。根据绿色施工现场的特点以及施工流程，在确保施工各项目都能得到监测的前提下，绿色施工监测内容应尽可能全面，用最小的成本获得最大限度的绿色施工数据，绿色施工在线监测对象应包括但不限于如图 4-23 所示内容。

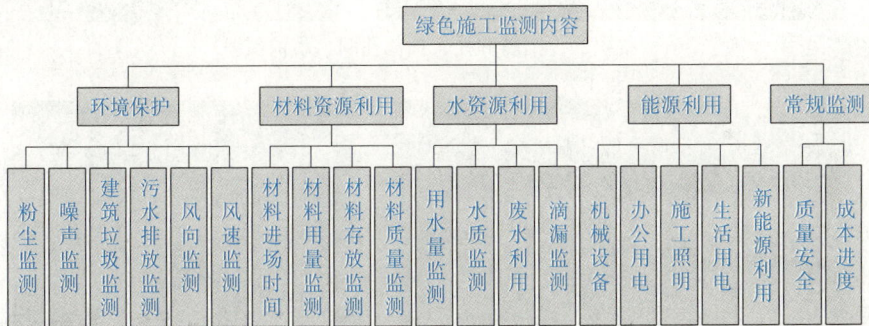

图 4-23　绿色施工在线监测对象内容框架

监测及量化评价系统构成以传感器为监测基础，以无线数据传输技术为通信手段，包括现场监测子系统、数据中心和数据分析处理子系统。现场监测子系统由分布在各个监测点的智能传感器和 HCC 可编程通讯处理器组成监测节点，利用无线通信方式进行数据的转发和传输，达到实时监测施工用电、用水、施工产生的噪声和粉尘、风速风向等数据。数据中心负责接收数据和初步的处理、存储，数据分析处理子系统则将初步处理的数据进行量化评价和预警，并依据授权发布处理数据。

2. 技术指标

（1）绿色施工在线监测及评价内容包括数据记录、分析及量化评价和预警。

（2）应符合《建筑施工场界环境噪声排放标准》GB 12523、《污水综合排放标准》GB 8978、《生活饮用水卫生标准》GB 5749；建筑垃圾产生量应不高于350t/万 m²。施工现场扬尘监测主要为PM2.5、PM10的控制监测，PM10不超过所在区域的120%。

（3）受风力影响较大的施工工序场地、机械设备（如塔吊）处风向、风速监测仪安装率宜达到100%。

（4）现场施工照明、办公区需安装高效节能灯具（如LED）、声光智能开关，安装覆盖率宜达到100%。

（5）对于危险性较大的施工工序，远程监控安装率宜达到100%。

（6）材料进场时间、用量、验收情况实时录入监测系统，保证远程实时接收监测结果。

3. 适用范围

此项技术适用于规模较大及科技、质量示范类项目的施工现场。

4.4.13 装配式建筑构件生产与安装技术及工艺

1. 装配式构件的生产（图4-24、图4-25）

（1）生产工序：钢模制作→钢筋绑扎→混凝土浇筑→脱模

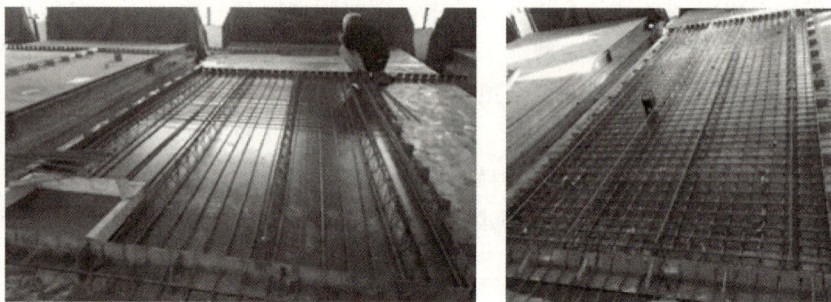

图4-24 钢筋绑扎、预留孔洞、吊钩预埋

图4-25 混凝土浇筑、脱模后成品

（2）生产质量控制措施

1）混凝土生产前，检查运料小车、布料机、运骨料平皮带、斜皮带是否有水，若有需放干净。

2）每天生产前实验室需检测砂、碎石含水率，并根据原材料情况及天气情况适当对当天混凝土生产配合比进行微调。由搅拌站操作员输入混凝土配合比和含水率，实验员复核无误后，方可生产。

3）按照设计图纸对进厂的模具进行严格的检验，主要针对模具尺寸、材质及外观检查，验收合格之后方可进行制模生产。

4）完成制模时，必须多方位精确测量，并与图纸核对，保证模具尺寸偏差在允许范围内；同时还需检查模具与钢台车的定位方式是否符合要求，是否存在跑模隐患。如有问题，及时纠正。

5）严格检查主要原材料供应商资质、质量证明文件是否齐全，是否经过第三方检测机构检验，是否合格。

6）在混凝土浇筑前，需严格按照 PC 构件详图检验，并做好隐蔽工程检查和验收，主要内容包括：钢筋的牌号、规格、数量、位置、间距、箍筋的弯折角度等，钢筋的连接方式、接头位置、接头数量，以及预埋件、预埋管线的规格、数量、位置等，完全符合 PC 构件设计详图才能浇筑混凝土。

7）对混凝土浇筑和养护两个关键工序进行全程跟踪监督。

8）PC 构件养护之后，用回弹仪确认混凝土强度，同时确认 PC 构件外观质量、尺寸偏差等，PC 构件确认合格之后，方可入成品库；反之，入不良库。

9）PC 构件出厂发运之前，必须再次检验，检验合格之后方可发运。

10）PC 构件首检产品必须协同甲方、设计单位、施工单位、监理单位、第三方检测机构一起确认产品质量是否合格，主要对预制构件混凝土强度检测及按规范进行构件整体尺寸检验，完全符合要求之后，构件生产厂家方可大批量投入生产。

2. 装配式构件的运输、存放

（1）装配式构件运输

由于大多数预制构件的长度与宽度远大于厚度，正立放置自身稳定性较差，因此应使用带侧向护栏或其他固定措施的专用运输架对其进行运输，以避免运输时道路及施工现场场地不平整、颠簸情况下构件不发生倾覆的情况。运输（图 4-26）过程中应注意以下几方面：

图 4-26　构件运输

1）外墙板、内墙板宜采用竖直立放运输；

2）梁、楼板、阳台板、楼梯类构件宜采用平放运输（楼板、阳台板不宜超过 8 层，楼梯不宜超过 4 层）；

3）柱宜采用平放运输，采用立放运输时应有防止倾覆措施。如图 4-27 所示。

（2）装配式构件存放

施工现场必须设置预制构件存放堆场（图 4-27），场地选择以塔式起重机能一次起吊到位为优，尽量避免在场地内二次倒运预制构件。

图 4-27　构件存放

　　构件应按吊装和安装顺序分类存放于专用存放架上，防止构件发生倾覆；严禁在构件堆放场地外堆放构件；严禁将预制构件以不稳定状态放置于边坡上；严禁采用未加任何侧向支撑的方式放置预制墙板、楼梯等构件；且构件堆放区应用定型化防护栏杆围成一圈作为吊装区域，场外设置警示标牌，严禁无关人员入内，并对吊装作业工人进行书面交底。

　　预制构件现场布置原则主要有以下几方面：

　　1）重型构件靠近起重机布置，中小型则布置在重型构件外侧；

　　2）尽可能布置在起重半径的范围内，以免二次搬运；

　　3）构件布置地点应与吊装就位的布置相配合，尽量减少吊装时起重机的移动和变幅；

　　4）构件叠层预制时，应满足安装顺序要求，先吊装的底层构件在上，后吊装的上层构件在下。

3. 装配式构件的安装

　　预制构件安装（图 4-28）是装配式建筑施工的关键环节，首先应该对起重设备能力进行核算。起重设备的选型、数量确定、规划布置是否合理则关系整个工程的施工安全、质量与进度。应依据工程预制构件的型式、尺寸、所处楼层位置、重量、数量等分别汇总列表，作为所选择起重设备能力的核算依据。

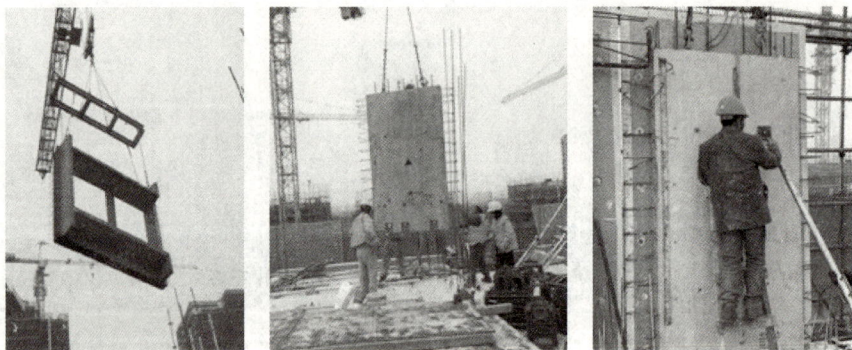

图 4-28　构件安装

　　（1）起重设备的选择和使用

　　根据建设工程预制构件的型式、重量，结合本工程的施工现场环境因素，合理选择起重设备，起重设备的选型、数量确定、规划布置是否合理则关系整个工程的施工安全、质量与进度。

　　（2）安装注意事项

　　1）安装作业前，应对安装作业区进行围护并做出明显的标识，拉警戒线；

2）施工作业使用的专用吊具、吊索、定型工具式支撑、支架等，应进行安全验算，使用中进行定期、不定期检查，确保其安全状态；

3）预制构件起吊后，应先将构件提升 300mm 左右后，停稳构件，检查钢丝绳、吊具和预制构件状态，确认吊具安全且构件平稳后，方可缓慢提升构件；

4）吊运预制构件时，构件下方严禁站人，应待预制构件降落至距地面 1m 以内方准作业人员靠近，就位固定后方可脱钩；

5）高空应通过缆风绳改变预制构件方向，严禁高空直接用手扶预制构件；

6）遇到雨、雪、雾天气，或者风力大于 5 级时，不得进行吊装作业。